U0170249

哇！编程 算法篇

申小吉SCRATCH编程环游历险记 

神鸡编程◎著　　李泽◎审校

天津出版传媒集团

天津科学技术出版社

和申小吉一起学编程啦！

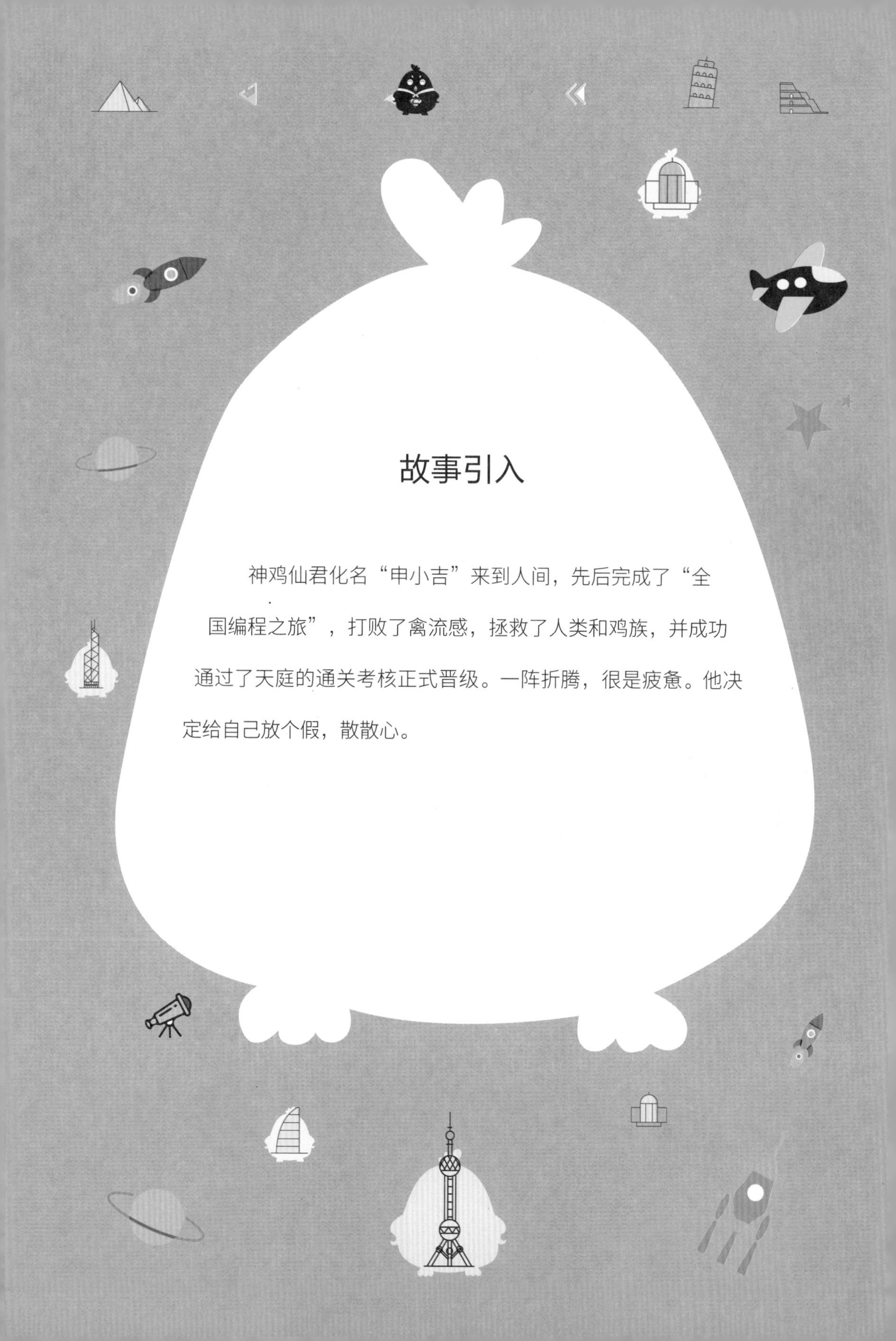

故事引入

神鸡仙君化名“申小吉”来到人间，先后完成了“全国编程之旅”，打败了禽流感，拯救了人类和鸡族，并成功通过了天庭的通关考核正式晋级。一阵折腾，很是疲惫。他决定给自己放个假，散散心。

申小吉有好多想去的地方和想要做的事，去河南少林寺、古城西安、俄罗斯的索契、意大利的米兰……还想去参加《中国好嗓子》歌唱比赛……充满期待的申小吉坐上飞机，开始了环球度假旅行。一路上他遇到了他从来没遇到过的各种好玩的情景。

第一章

到西安惬意看电影

第二章

到马来西亚靠头脑赢免单

第九章

“小吉呀，你过来下！”

第十章

哎呦不错哦

第一章

到西安惬意看电影

我13岁开始编程就被它迷住了，它改变了我的生活方式。每个人都可以从学习计算机科学的基础知识中受益，无论你做什么工作。

——比尔·盖茨

比尔·盖茨（Bill Gates），1955年10月28日出生于美国华盛顿州西雅图，企业家、软件工程师、慈善家、微软公司创始人。曾任微软董事长、CEO和首席软件设计师。比尔·盖茨1995~2007年连续13年成为《福布斯》全球富翁榜首富，连续20年成为《福布斯》美国富翁榜首富。2008年，比尔·盖茨宣布将580亿美元个人财产捐给慈善基金会。

比尔·盖茨13岁开始学习计算机编程设计，18岁考入哈佛大学，一年后从哈佛退学，1976年与好友保罗·艾伦一起创办了微软公司。

关于环球度假旅行，申小吉首先想到的就是：到千年古城西安看场电影。电影院环境舒适、座椅舒服，吃着爆米花，喝着可乐，别提多惬意了。他听说自己在天庭的好朋友哪吒被人类拍成了电影，于是他想到电影院去看看人类想象中的哪吒和自己在天庭亲眼所见的哪吒有什么不一样。申小吉心想：想想都有趣，说不定未来还会有人把我拍成电影呢！

《哪吒之魔童降世》

申小吉首先用手机在网上选座买票。

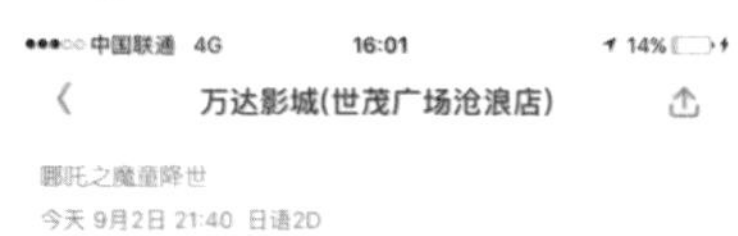

手机App购票

然后电影快开始的时候，申小吉到电影院取票。

最后申小吉凭票进入电影院，看到了一排排的座位，对号入座，享受了一场惬意的电影。

电影票

你知道电影院是如何将座位和观众一一对应的吗？

电影院

一场电影有这么多人看，大家从网上选座买票到电影院找好位置。想一想，能够如此有序地保证所有人观看电影的法宝是什么呢？如果座位不是整齐的编号排列会怎样呢？

法宝就是——将电影院的座椅整齐地排列并且编上对应的号码。如果把座椅看成是Scratch中的数据变量，这种处理数据之间关系的组织方式（比如处理位置关系）叫作数据结构。而电影院的座椅就是对应的数据结构中的一种——列表。

那什么是列表呢？列表是顺序保存多份内容的地方，列表相当于把多个同样性质的数据顺序地收集起来。每一排座位顺序都是有编号的，并且一排座位能顺序地容纳相应的人数。我们可以把这一排座位理解成列表，而把看电影的人理解成保存到列表中的数据。

图解数据结构——列表

数据结构一般都需要读取、修改、增加、删除4种操作（也叫作“增删改查”），这样才能在程序中灵活地使用这些复杂的数据。下面来看看列表的“增删改查”是怎样的吧。

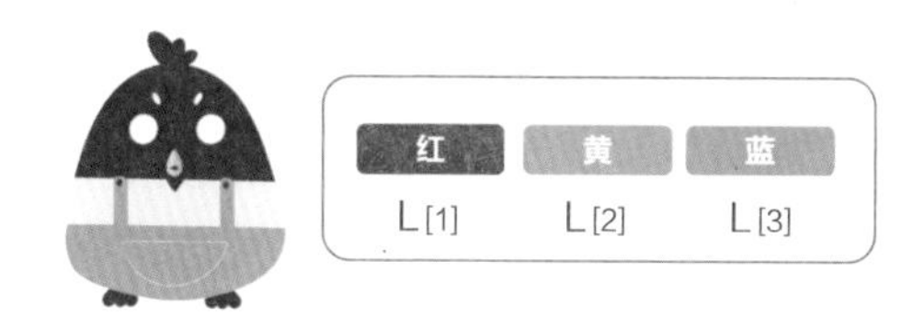

上图中L是列表的名字，“红”“黄”“蓝”作为数据顺序保存在列表L中。L后面的符号“[ ]”中的数字表示该数据是列表中的第几个数据（这个数字叫作“项”，也叫作“下标”，列表项从1开始计数）。比如，“红”就是列表L的第1项，因此L[1]=红。所以，你知道“蓝”怎么表示了吗？它在列表L中的下标是多少呢？

1. 读取列表

由于数据在列表中是顺序保存的，所以每个数据都可以通过列表下标取出，我们也可以借此直接读取目标数据，这种直接读取也称作随机访问。所以上图中，如果我们要读取数据“蓝”，直接使用L[3]便代表了数据“蓝”。

2. 修改列表

如果我们想修改列表中的第3项数据（改成“绿”），该怎么办呢？我们知道通过随机访问L[3]便代表了数据“蓝”，因此我们只需要把第3项直接修改替换成“绿”即可，使用L[3]= “绿”。

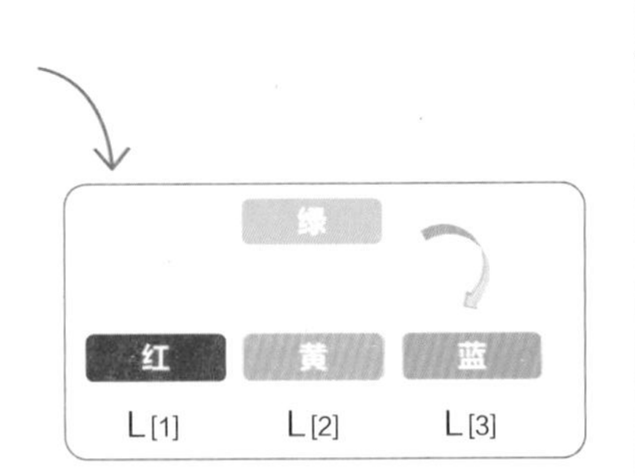

3. 列表增加

如果想在列表中任意位置添加数据，列表会怎么样呢？这里我们新增加一个数据“绿”，试着将它插入到第2个位置上（也就是当前“黄”的位置上）。

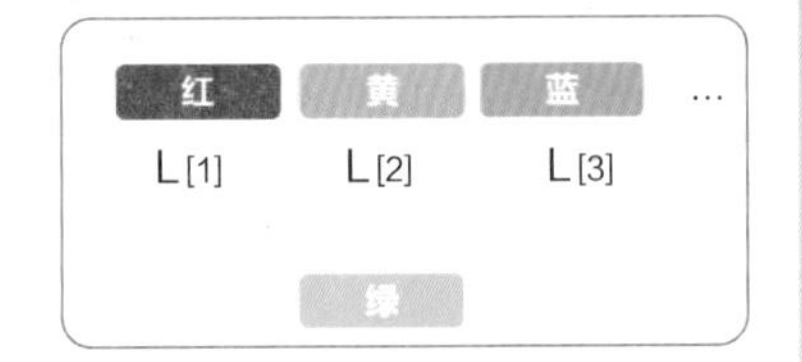

（1）在列表的末尾增加一个新的存储空间，这时列表总共4项，最后一项数据是空的。

（2）为了给插入的数据“绿”腾出位置，要把已有数据一个个移开。所以，把“蓝”往后移到第4项上。

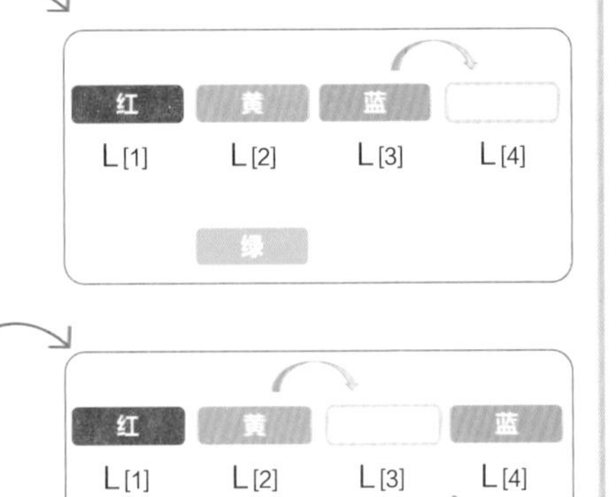

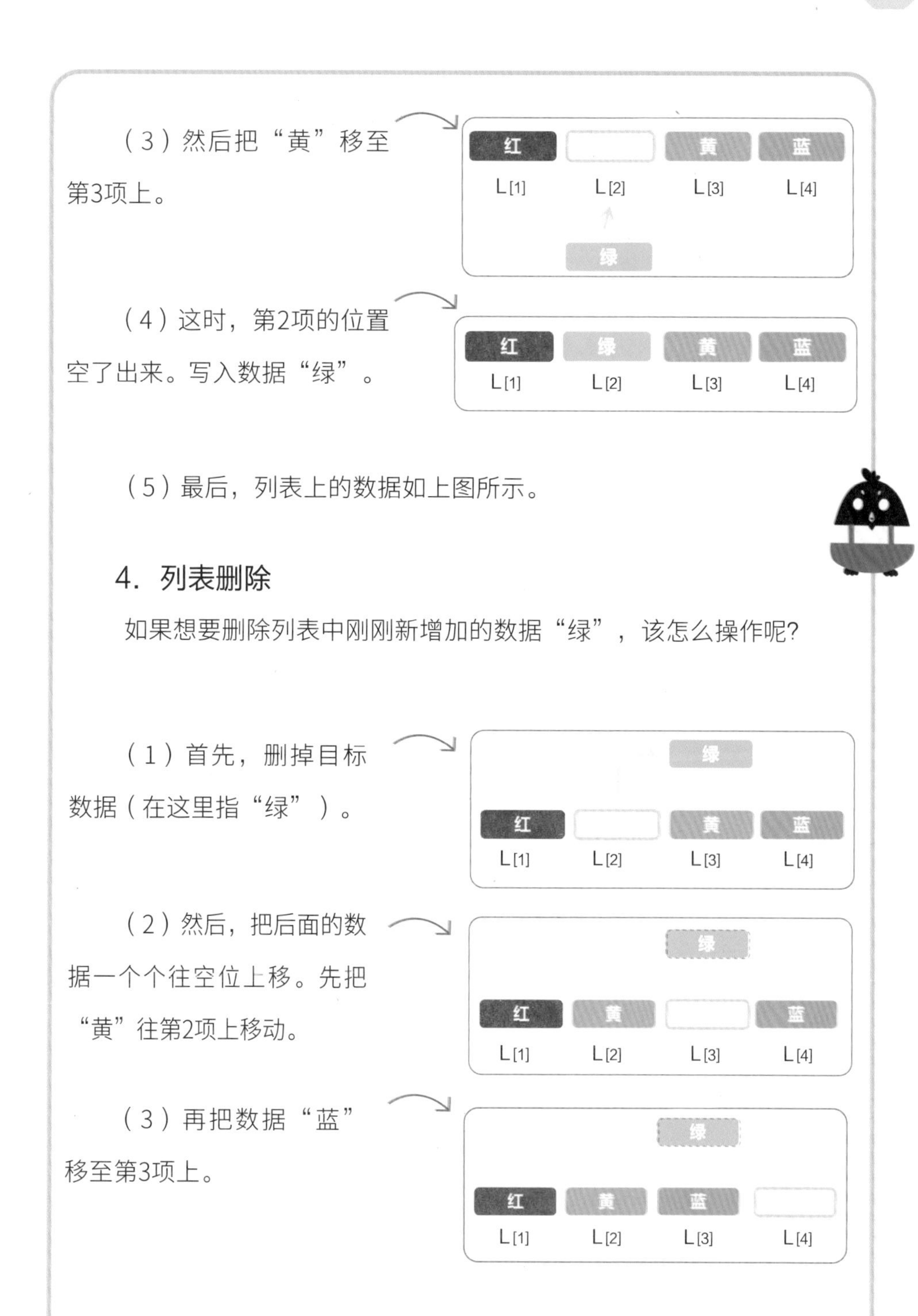

（3）然后把“黄”移至第3项上。

（4）这时，第2项的位置空了出来。写入数据“绿”。

（5）最后，列表上的数据如上图所示。

4．列表删除

如果想要删除列表中刚刚新增加的数据“绿”，该怎么操作呢?

（1）首先，删掉目标数据（在这里指“绿”）。

（2）然后，把后面的数据一个个往空位上移。先把“黄”往第2项上移动。

（3）再把数据“蓝”移至第3项上。

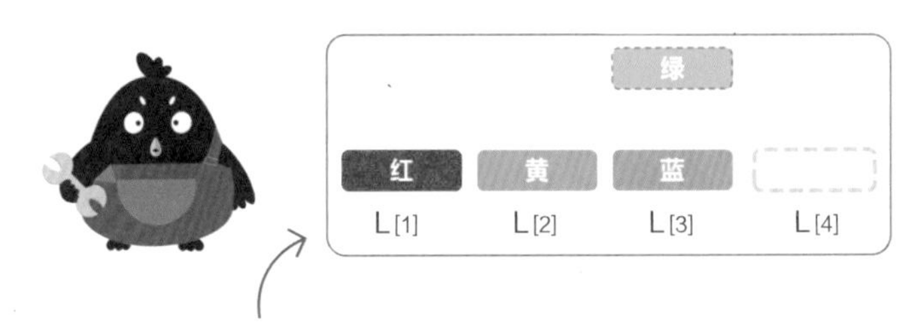

（4）最后，再删掉多余的空间（也就是第4项）。这样在列表中“绿”就被完整地删掉了，同时列表又变回了原来的3项。

Scratch中的列表

列表中“增删改查”的过程还是挺复杂的，但好在scratch中把列表的“增删改查”做成了一个个小积木，使用这些积木就可以很快实现列表数据的各种操作，大大减轻了我们的使用负担。在下表中，来一起看看Scratch中与列表相关的积木吧。

积木	功能	备注
☑ 列表	列表在Scratch的舞台区是否显示	默认是显示，取消勾选则不显示
将 东西 加入 列表▾	在列表的最后加入一项值	可输入其他数字
删除 列表▾ 的第 1 项	把列表中某一项删除	项数超过列表最大项，则无效
删除 列表▾ 的全部项目	清空列表	小心这个操作，会删除所有数据项
在 列表▾ 的第 1 项前插入 东西	在列表中某一项前面插入一项值	项数超过列表，则无效
将 列表▾ 的第 1 项替换为 东西	把列表中某一项的值替换	项数超过列表最大项，则无效
列表▾ 的第 1 项	取列表中某一项的值	项数超过列表最大项，则无效
列表▾ 中第一个 东西 的编号	列表中某一值是第几项	列表中不存在的值，则结果是0

积木	功能	备注
列表 ▾ 的项目数	列表项共有多少个值	获取列表中总共有多少个值
列表 ▾ 包含 东西 ?	判断列表中是否包含一个值	如果包含，则判断为true 如果不包含，则判断为false

Scratch中列表的使用

在Scratch中一般什么时候会用到列表呢？当我们遇到大量具有某种共同性质的数据值时，比如吴老师的班级里有30个学生，因此就会有30个姓名，有30个学号，等等。这时候我们就可以使用列表这个法宝来帮忙管理这些同性质的数据了。下表中是吴老师的班级里学生的名单，每位同学都有属于自己的编号。

编号	姓名	编号	姓名
1	张伟	16	李四
2	吴辉	17	王民
3	李力	18	章京
4	王清	19	张三
5	张美	20	周粒
6	黄伟	21	喻好
7	马跳	22	游鑫
8	马梅	23	周东
9	李飞	24	王朝
10	石悦	25	王萌
11	王明	26	喻明
12	周飞	27	费庆
13	周虎	28	王庞
14	汪飞	29	庞龙
15	王峰	30	王善

今天吴老师本来买了30个苹果要分给大家吃，但是路上不小心，摔坏了1个。这下可麻烦了，总不能有个同学没有苹果吃吧！吴老师只好把之前放办公室里的一本精美笔记本拿了出来。

但是问题来了，30名同学现在都想要笔记本，不想吃苹果，这下又愁坏了吴老师。吴老师想到了抽奖的方法，抽中了谁，谁就能得到笔记本，剩下的同学吃苹果。快去试试用Scratch做一个抽奖程序，帮助吴老师解决一下难题吧！

思路流程图

分析思路：

抽奖的本质是随机地选择一个同学，就好像掷色子一样，每次出现的数都是随机的。在Scratch中有一个特殊的积木 在 1 和 10 之间取随机数 ，我们只需要使用这个积木得到一个随机数，并且这个数字刚好是一位同学的编号就可以了。选择出编号也就选择出能得到笔记本的同学了。最终实现效果如下图。

思路流程图：

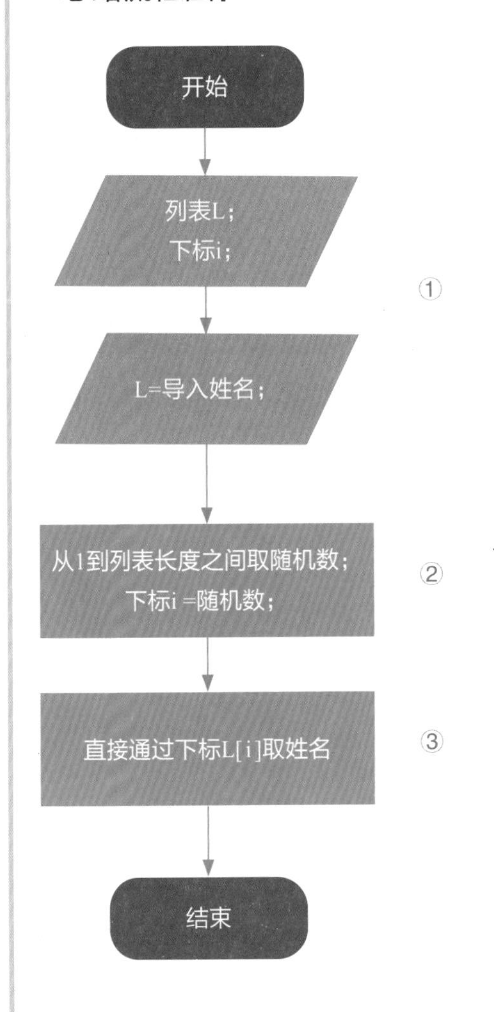

①列表L；变量下标i；设置初始值，往列表L中导入同学姓名。

②取一个随机数，这个数作为下标i的值（这里便是抽奖的关键）。

③在列表中取出下标i对应的同学姓名L[i]，这位同学就是被抽中的人。

编程大作战

制作过程

步骤1：初始化。

（1）在变量分类中点击“建立一个列表”，在弹窗中输入新的列表名“列表L”。

（2）这时你会发现在舞台区的左上角多了一个东西，这个就是我们刚才新建的列表。

继续 →

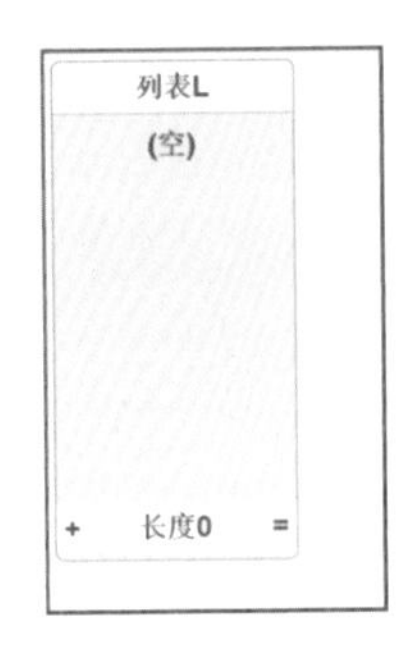

（3）我们可以直接点击列表左下角的“+”来增加新的数据项，也可以点击数据项中的“×”来删除该数据项。

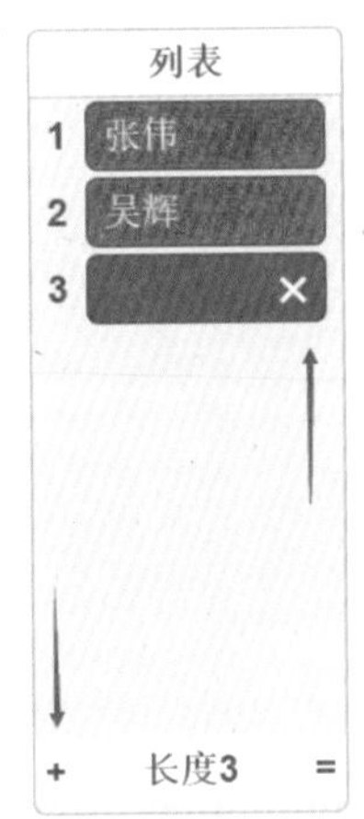

（4）现在我们需要一步步地把30名学生的名字加入到Scratch的列表中。这一步虽然很麻烦，但好在Scratch提供了方便的操作。

步骤2：列表批量导入。

（1）我们可以先在桌面新建一个文本文件“姓名.txt”，一行一个学生这样提前把所有学生的姓名都准备好。

继续 →

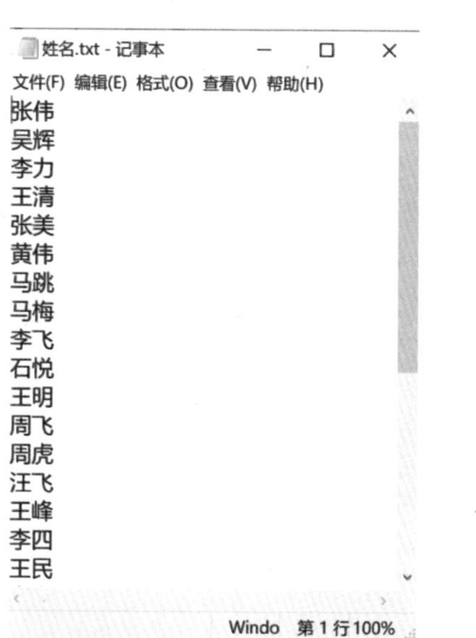

（2）然后，鼠标放在列表上点击右键，在弹出的选项选择“导入”。在弹出的对话框中找到桌面上刚刚新建的文本文件“姓名.txt”，点击确认即可导入到列表中。

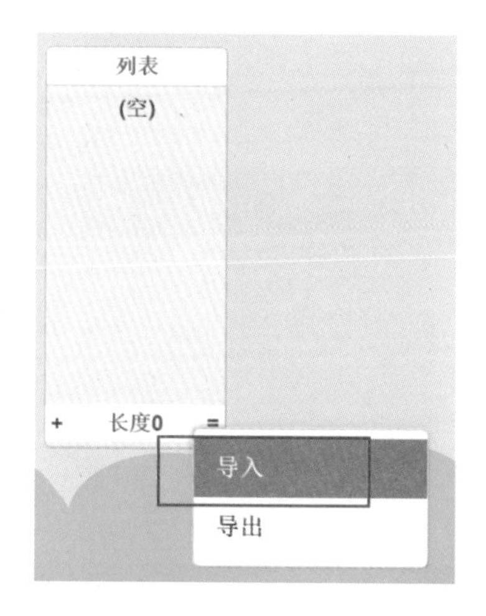

（3）最后，在Scratch的舞台区就可以看到文本文件“姓

继续 →

名.txt”中的内容已经导入到列表中了。

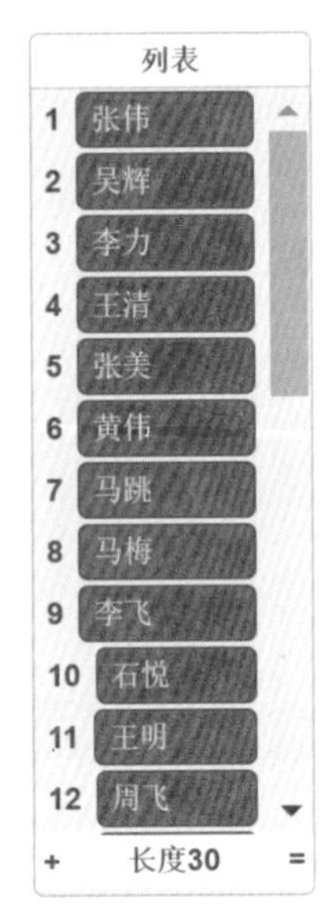

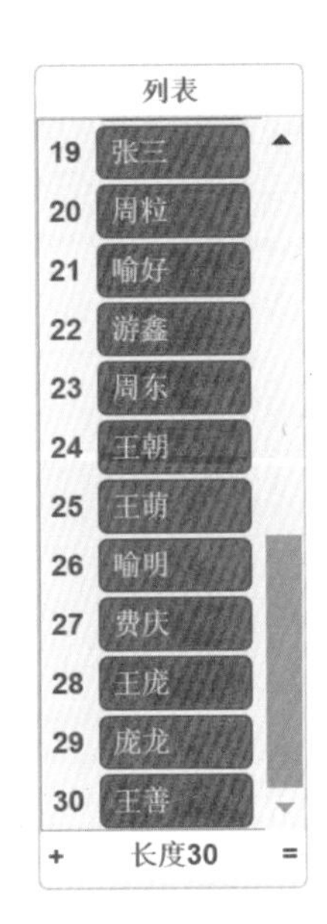

步骤3：取随机数。

（1）要让每个同学都有机会能被抽中，随机数应该在1到列表的长度之间。

（2）将下标i设为刚才取到的随机数。此时下标i便是抽中的编号。

继续 →

（3）在列表中通过下标i直接访问，获取被抽中同学的姓名。

步骤4：完整积木代码。

最终，实现的积木代码如下图，看看你做出来的是不是这样的。

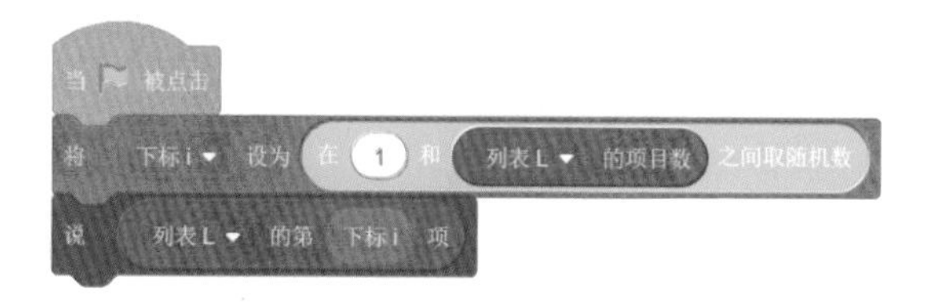

运行与调试

完成了上述步骤，运行效果到底如何呢？点击 运行一下，看看是否有问题。（可以多点击几次，看看有什么不同！）

如果没问题，恭喜你又学到了一个新的知识点，并且能在Scratch中正确运用；如果有问题，再看一下上面的内容，通过比对积木以及积木里的参数来调试，直到让自己满意。

挑战自我

刚才我们用Scratch完成的抽奖程序算是帮了吴老师一个大忙！吴老师打算把这个程序保留下来，以后再遇到这样的情况可以直接使用抽奖的方式。但是过了一段时间，班级里迎来了一位从深圳转校过来的新同学杨苑。吴老师需要把她也加入到抽奖程序中，还是需要你的帮助哦！

小提示：把这位同学加上编号31，直接加到列表最后即可。

编程英语

英文	中文	英文	中文
movie	电影	ticket	电影票
		万达电影城 影厅 HALL 四号厅 (大屏幕) 时间 TIME 2013-5-15 15:30 影片 MOVIE 致我们即将逝去的青春 SEAT 10排9座 (总计360) 对号入座 30.00 567100000000082331 9座 四号厅 NO. 3251009 776913 DATE 5.15 TIME 15:30 SHOW 1场 movie 10排9座	
apple	苹果	list	列表
		列表 1 张伟 2 吴辉 3 李力 4 王清 5 张美 6 黄伟 7 马跳 8 马梅 9 李飞 10 石悦 + 长度30 = 下标 I 15	

知识宝箱

通过上面的学习，我们知道了列表是一种数据结构。数据结构是指相互之间存在一种或多种特定关系的数据元素的集合。通常情况下，在计算机编程的过程中经过精心选择的数据结构可以带来更高的运行或者存储效率，比如我们学到的列表就是一种高效的数据结构。通过在Scratch中使用列表，我们也掌握了与列表相关的一些特殊功能的积木。

我们来回顾一下列表的特点：

（1）顺序保存多份数据。

（2）可直接读取数据项，所以读取很快。

（3）增加、删除复杂，所以“增删”慢。

当然，数据结构中肯定不是只有列表这一种。数据结构大致可分为以下四种不同的结构，而列表属于其中的线性结构（线性结构也包括好多种不同的类型）。

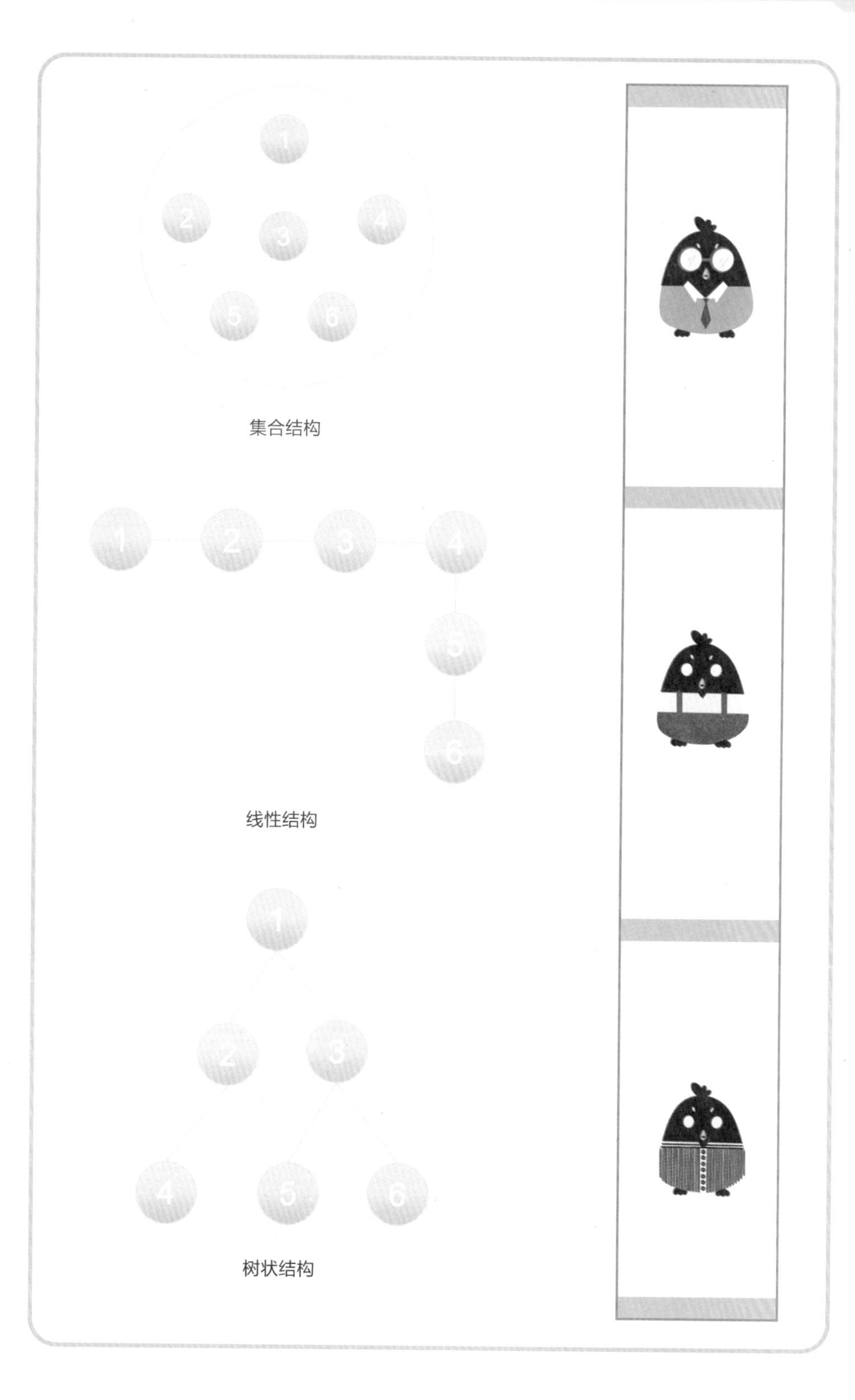
1
2
3
4
5
6
集合结构
1
2
3
4
5
6
线性结构
1
2
3
4
5
6
树状结构

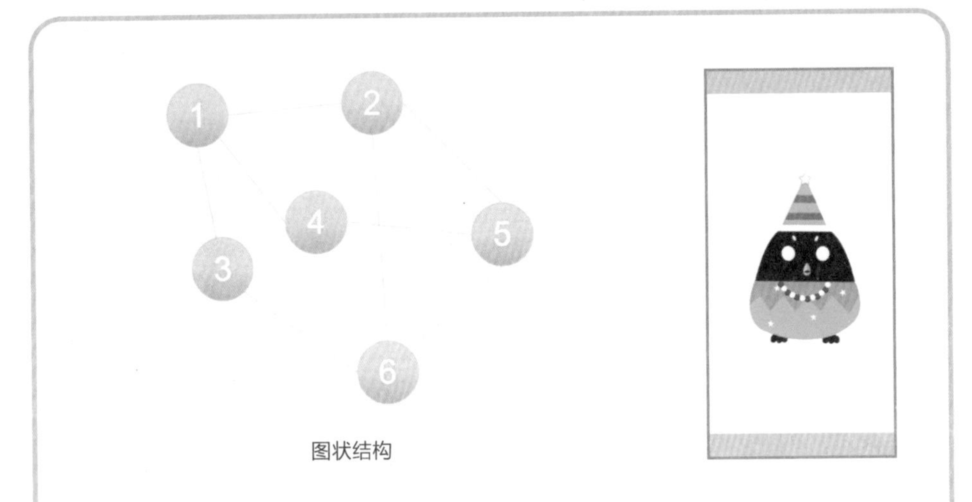

图状结构

最后，我们了解了这些数据的结构，去观察一下身边看看有哪些事物是跟这些数据结构有联系的，比如我们看到的电影院座椅就是跟列表相关。

第二章

到马来西亚靠头脑赢免单

当下，是他们的；而我在努力创造的未来，是我的。

——尼古拉·特斯拉

尼古拉·特斯拉（Nikola Tesla，1856—1943），塞尔维亚裔美籍发明家、物理学家、机械工程师、电气工程师。

1856年7月10日，特斯拉生于南斯拉夫克罗地亚的斯米良。他使马可尼的无线电通信理论成为现实，制造出世界上第一艘无线电遥控船。1899年，他发明了X光（X-Ray）摄影技术。其他发明包括：收音机、雷达、传真机、真空管、霓虹灯管、飞弹导航、星球防御系统等。以他名字命名了磁力线密度单位。

申小吉来到了美食之都马来西亚槟城。这是世界权威旅游杂志《Lonely Planet》评选的“全世界美食排行榜城市”的第一名。他来到了一家著名的娘惹餐厅大汗淋漓地吃了一顿之后，刚准备结账，发现收银的老板一脸苦恼。问清楚之后，申小吉拍着胸脯，笑着说：“这个问题我用Scratch就能帮你搞定，搞定之后，老板你要把这顿饭给我免单啦。”老板爽快地答应了。原来，老板的弟弟是一名老师，最近被一个问题所困扰……

吴老师的班级进行了数学测试，吴老师想通过测试了解一下同学们近期数学学习情况。如果同学们的考试成绩比较乐观，那么吴老师可以选择加快学习的进度；如果考试成绩并不理想，那么吴老师会多讲解一些复习题，让大家都跟上学习进度。

吴老师熬了一晚上，终于把所有同学的试卷批改完毕。下表中是30位同学的成绩：

分数	姓名	分数	姓名
1	张伟	16	李四
2	吴辉	17	王民
3	李力	18	章京
89	张伟	99	李四
78	吴辉	88	王民
88	李力	81	章京
97	王清	77	张三
96	张美	86	周粒
76	黄伟	86	喻好
87	马跳	80	游鑫
80	马梅	70	周东
89	李飞	93	王朝
90	石悦	80	王萌
96	王明	76	喻明
68	周飞	65	费庆
87	周虎	77	王庞
57	汪飞	83	庞龙
88	王峰	84	王善

最后，吴老师需要统计一下平均分。通过平均分就能知道学生整体对知识点的掌握情况。但是计算平均分很费力，长时间的熬夜让吴老师体力不支。刚好我们学过了列表相关的知识，一起来看看怎么样在Scratch中帮助吴老师计算班级里数学的平均分吧!

求平均分的思路：

我们都知道平均数的概念是所有数据的和再除以数据的个数，要帮助吴老师算出平均分看起来也并不是很困难。我们可以先把所有同学的分数导入到列表中，然后一项一项加起来求和。计算过程如下：

（1）首先，把列表的第1项加上列表的第2项。

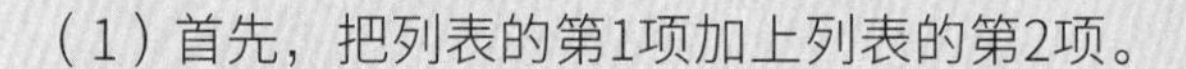

（2）然后，把第1项和第2项的和加上列表的第3项。

列表L 的第 1 项 + 列表L 的第 2 项 + 列表L 的第 3 项

列表L 的第 4 项

列表L 的第 5 项

列表L 的第 6 项

列表L 的第 30 项

（3）最后，一直加到列表的第30项。

这样虽然能求出所有同学成绩的总和，但是如果学生人数多的时候（比如统计整个学校学生的成绩），一个个手动求和太烦琐。你有没有发现我们把列表中的每一项加起来的时候是连续的（也就是加完第1项，接着加第2项，再加第3项……），这时我们可以利用列表的一个特性——列表的遍历。

什么是列表的遍历？对于像列表这样的数据集合，我们可以通过循环的方式，按照下标顺序，不断地从列表中取出数据。这种方式就叫作遍历，通过循环遍历能够大大减少代码烦琐的重复逻辑。

图解列表的遍历

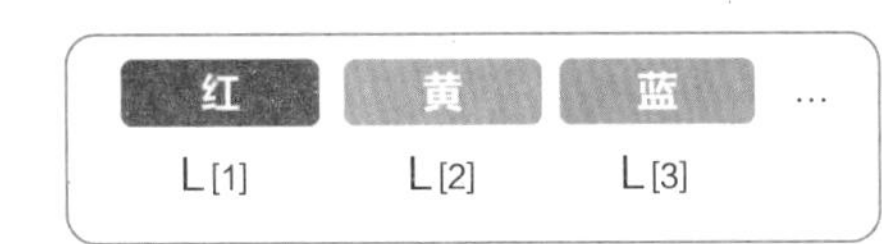

图中L是列表的名字，列表L中包括了红、黄、蓝3项数据。我们知道列表可以通过下标直接随机访问，比如L[1] = 红。遍历需要找到循环取出数据的规律，列表遍历的规律是下标是递增的（1、2、3、4……）。因此我们可以用一个变量下标i，通过让下标i增加即可。

（1）首先，列表下标i是1，所以L[i]对应的其实是L[1]。这时L[i] = 红。

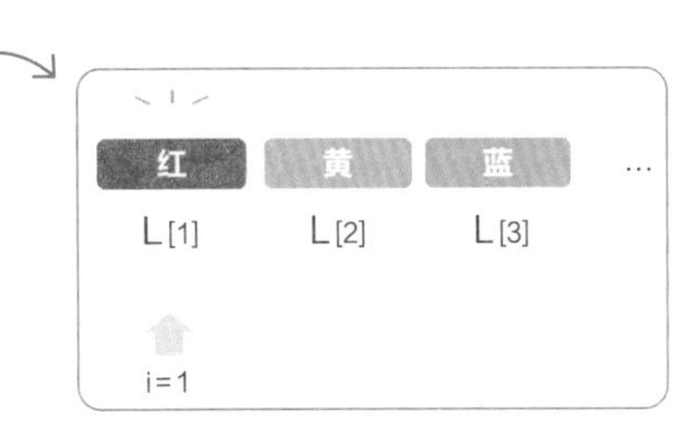

（2）然后，列表下标i递增，下标i是2，所以L[i]对应的其实是L[2]。这时L[i]= 黄。

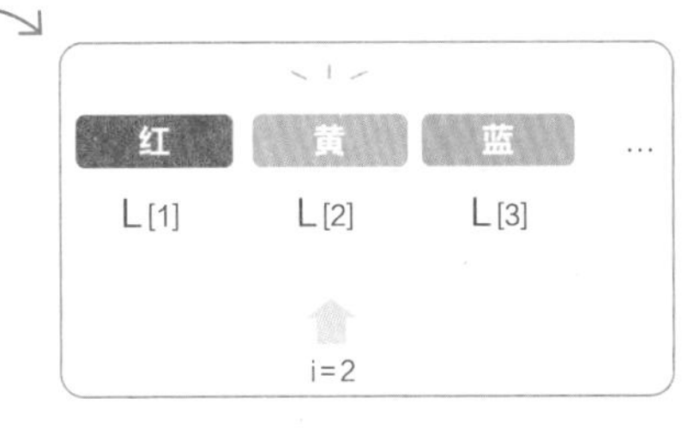

（3）接着，列表下标i再次递增，列表下标i是3，所以L[i]对应的其实是L[3]。这时L[i]＝蓝。

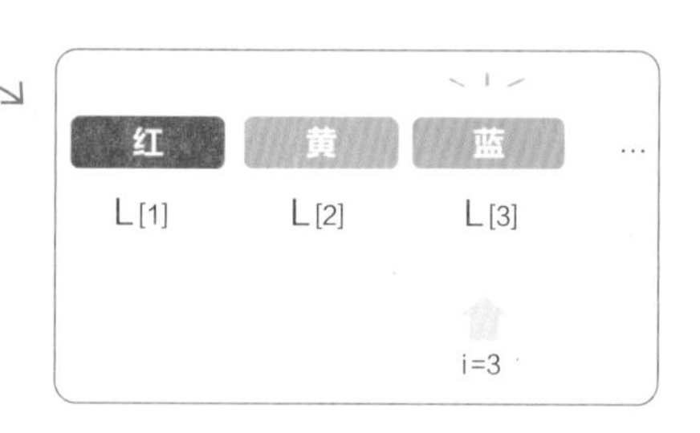

上述过程中，通过对变量下标i不断地进行递增，L[i]的值从列表的第1项一直到最后一项。这个过程就是列表的遍历。

Scratch中的列表遍历：

刚才我们也明白了列表遍历的核心是让下标递增。在Scratch中，我们只需要新建一个变量 下标i ，使用积木 将 下标i 设为 下标i + 1 就可以对下标i进行递增，最后只需要加入循环控制（如下图），就可以让下标i每次都是递增的了。

而每次遍历取出列表中的项（即L[i]）也很简单，如下图。

思路流程图

分析思路：

现在再来看看我们如何通过列表遍历的方法求得所有同学成绩的总和，并且计算出平均值。我们按下面的思路来操作：

（1）把分数导入到列表中。

（2）首先遍历列表的每一项，这里要使用到循环。

（3）读取列表的每一项的值，相加求和。

（4）用最后的总和除以列表个数。

最终实现效果如下图：

思路流程图：

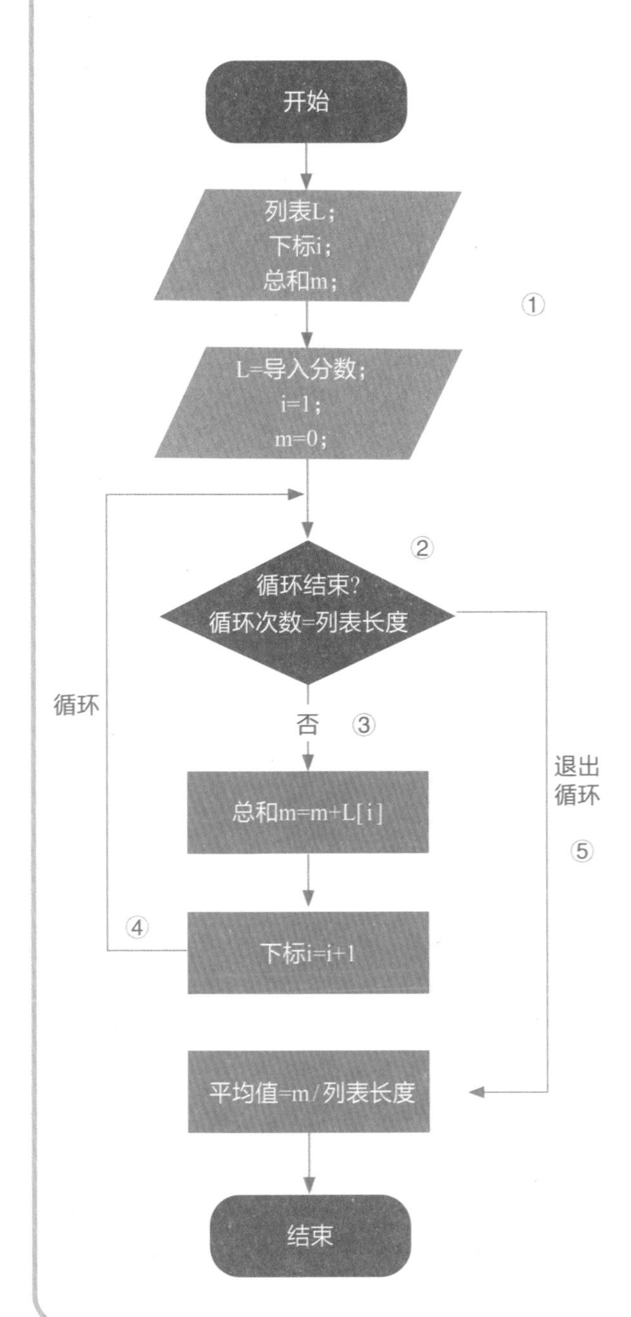

①列表L；下标i；总和m。设置初始值，列表L中导入分数；遍历要从第1项开始，因此i = 1；总和m需要累加，最开始是0。

②循环进入到列表的遍历。如果遍历到列表最后一项，则退出循环跳到第⑤步执行；否则进入遍历，执行第③步。

③列表遍历过程中，取出遍历的当前项，累加到总和m中。

④列表遍历过程中，将下标i增加1，进入到下一次循环。相当于即将遍历列表的下一项。

⑤列表遍历完，也就意味着列表中的每一项都累加到了总和m中，这时就可以求出平均值了。

编程大作战

制作过程

步骤1：初始化。

（1）在变量分类中点击建立一个列表，在弹窗中输入列表的名字“列表L”。

（2）现在把30位同学的数学成绩导入到Scratch的列表中。

①在桌面新建文本文件“分数.txt”，填入分数，一行是一位同学的成绩。

继续 →

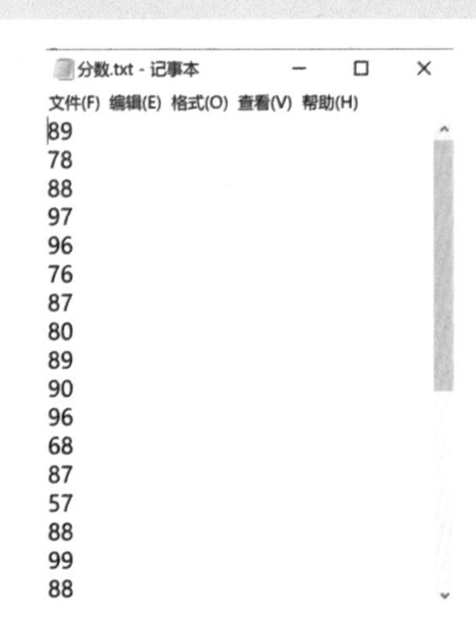

②导入之后的列表结果。

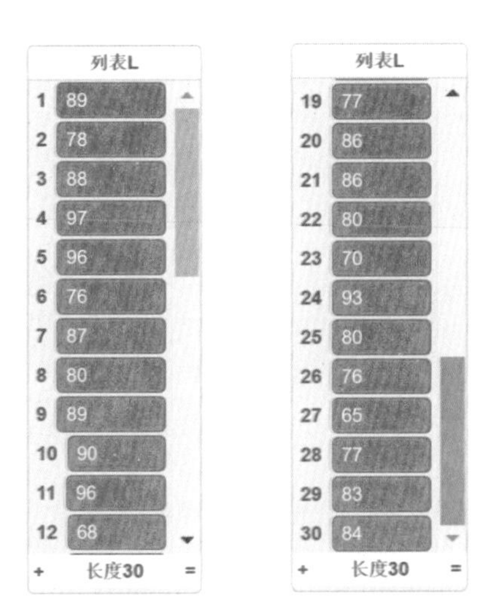

（3）列表的初始化数据导入完成，接下来初始化变量下标i和总和m。

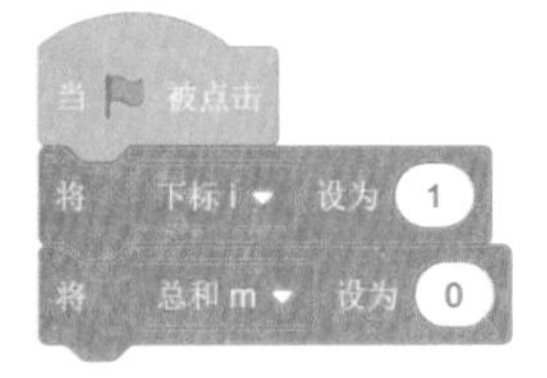

继续 →

步骤2：遍历列表。

遍历列表所有的数据项，循环次数等于列表的长度。

步骤3：遍历求和。

（1）将总和m与列表的第i项求和，下图是累加的过程。

总和m + 列表L 的第 下标i 项

（2）把总和m的值重新设为上面计算得到的新总和。

重复执行 列表L 的项目数 次
将 总和m 设为 总和m + 列表L 的第 下标i 项

步骤4：下一次循环。

下标i增加1，进入到下一次循环。

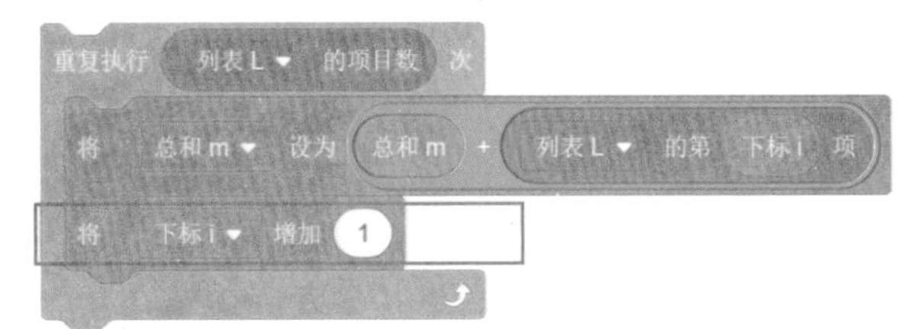

继续 →

步骤5：计算平均数。

列表遍历完，计算平均数。

步骤6：完整积木代码。

最终，实现的积木代码如下图，看看你做出来是不是这样的。

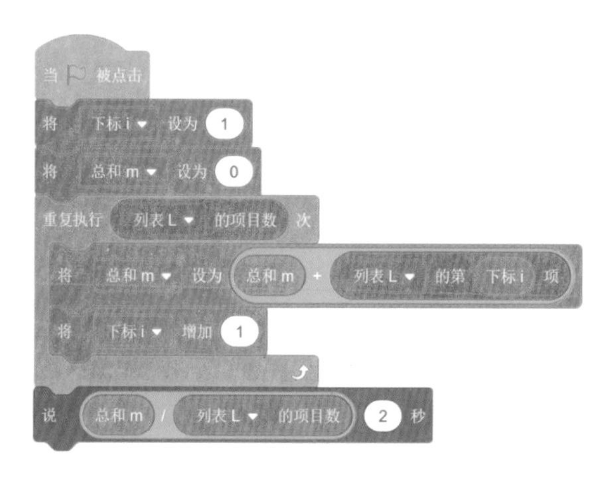

运行与调试

完成了上述步骤，运行效果到底如何呢？点击 运行一下，看看是否有问题。

如果没问题，恭喜你又学到了一个新的知识点，并且能在Scratch中正确运用；如果有问题，再看一下上面的内容，通过比对积木以及积木里的参数来调试，直到让自己满意。

挑战自我

想必大家都被问过这样的问题：从1一直加到100等于多少。这个问题有一种求解方法叫作“高斯算法”，这个算法可以快速地求出这100个数字的和。那么，高斯是谁呢？

约翰·卡尔·弗里德里希·高斯（Johann Carl Friedrich Gauss，1777年4月30日—1855年2月23日）德国著名数学家、物理学家、天文学家、大地测量学家，是近代数学奠基者之一，被认为是历史上最重要的数学家之一，并享有“数学王子”之称。

小时候的高斯非常淘气，在一次数学课上老师为了让同学们安静下来，于是给他们列了一道很难的算式，也就是上面提到的从1一直加到100等于多少，并给出1个小时的时间看看谁能最快计算出答案。当时全班只有高斯用了不到20分钟给出了答案，因为他想到了用（1+100）+（2+99）+（3+98）+……+（50+51）一共有50个101，所以50×101就是1加到100的和。这个计算方法就是“高斯算法”。

现在让你把这100个数字加入到Scratch的列表中，并且使用遍历列表的方法来求出从1一直加到100的和。试试看怎么做吧!

小提示：可以通过循环生成从1到100的值。

编程英语

英文	中文	英文	中文
exam	考试	summation	求和
School Life 100 100 100		3 + 5 7	
average	平均	traversal	遍历
总和 m / 列表 L 的项目数		重复执行 将 下标i 增加 1 说 列表 L 的第 下标i 项 2 秒	

知识宝箱

遍历是一种不断地从列表这样的集合数据中循环读取数据的方法，只需要我们找到读取集合数据中的规律（比如遍历列表的下标是递增的），然后通过循环来满足这个规律。遍历能够大大地减少代码烦琐的重复逻辑。

我们来回顾一下列表遍历的特点：

（1）下标是递增的。

（2）通过循环，递增下标。

以后再看到有规律的数据时，我们需要优先考虑能不能用遍历的方法来解决。快去观察一下身边有哪些情况是可以用遍历的方式来解决的，比如列表中数据的求和。

第三章 到少林寺吃斋被针对

我没有失败，我只是发现了10000种方法不管用。

——托马斯·爱迪生

托马斯·阿尔瓦·爱迪生（Thomas Alva Edison，1847—1931），出生于美国俄亥俄州米兰镇，逝世于美国新泽西州西奥兰治，发明家、企业家。爱迪生是人类历史上第一个利用大量生产原则和电气工程研究的实验室来进行从事发明专利而对世界产生深远影响的人。爱迪生是技术历史中著名的天才之一，拥有超过2000项发明，其中爱迪生的四大发明：留声机、电灯、电力系统和有声电影，丰富和改善了人类的文明生活。爱迪生也是企业家，他创立的通用电气公司（GE）至今仍是世界500强。爱迪生被美国的权威期刊《大西洋月刊》评为影响美国的100位人物第9名。

在品尝了马来西亚槟城的美食大餐之后，申小吉想给自己来一道精神大餐：到少林寺参观！于是他飞到河南郑州，来到了号称“五岳”之中的“中岳”嵩山。和一群对少林功夫感兴趣的老外一起参观了千年古刹少林寺的古建筑之后，申小吉双手合十，跟寺庙的老和尚说想吃斋饭。老和尚慈祥地笑着说：“佛法讲究普度众生，吃斋饭没有问题，但施主你要帮老衲一个忙才可以。”原来申小吉因为仙气太重，被老和尚察觉到了异样。“什么忙？如果可以，必当全力以赴。”申小吉笑着说道。老和尚双手合十，拜了一拜，挥动了右手：“施主请看。”

古时候，明代数学家程大位在自己的一部著作《算法统宗》中记录着一个非常有意思的问题——“以碗知僧”，这个问题是以诗歌的形式呈现：

巍巍古寺在山中，不知寺内几多僧。
三百六十四只碗，恰好用尽不差争。
三人共食一只碗，四人共进一碗羹。
请问先生能算者，都来寺内几多僧。

这首诗歌讲的是在一座古寺庙中有一群和尚，每当开斋饭的时候共有364个碗，其中3个人共用一碗饭，4个人共饮一碗汤。需要你算算这寺庙里面有多少个和尚。

解题思路：

寺庙共有364个碗，3个人共用一碗饭，4个人共饮一碗汤。我们分析题目如下：

（1）吃饭时一个人用三分之一个碗，喝汤时一个人用四分之一个碗。两项合计，则每人用1/3+1/4=7/12个碗。

（2）设共有和尚n人，依题意得：7/12×n=364 。

（3）解之得，n=624。所以僧人有624个。

根据上面的常规解题方法，每人要使用7/12个碗（也就是1/3 + 1/4）。我们就可以得出以下结论：

①1个僧人要用7/12个碗。

②2个僧人要用7/12×2个碗，也就是7/6个碗。

③3个僧人要用7/12×3个碗，也就是7/4个碗。

④……

⑤一直列举到624个僧人要用7/12×624个碗，刚好就是364个碗；

所以，我们可以得出结论：当有624个僧人的时候，需要用364个碗。

上述过程解题方法叫作穷举法（也称作枚举法）。穷举法是在分析问题时，逐个列举出所有可能情况，然后根据条件判断此答案是否合适。合适就保留，不合适就丢弃，最后得出满足条件的结论。而上面我们就是在逐步地穷举僧人个数，当我们穷举到第624个僧人的时候，刚好满足了需要的碗的数量等于364，这时停止穷举，得到正确答案。

你肯定会想：这么笨的办法，又累又花时间。但是穷举法很适合计算机，主要利用计算机运算速度快、精确度高的特点，解决问题时可以对所有可能情况一个不漏地进行检验，从中找出符合要求的答案，因此穷举法是通过牺牲时间来换取答案的全面性。很多时候没有很好的解题思路时，穷举法是最简单直接的方法。就是因为简单直接，也常常用于计算机攻击中的暴力破解。

相信你对黑客一定非常好奇，下面我们来看看神出鬼没的黑客们是如何使用穷举法来暴力破解我们的密码的。穷举法破解密码简单来说就是将密码进行逐个推算直到找出真正的密码为止。比如，我们有一个全部是数字的四位数密码。因为全部是数字，每一位数字有10种可能（从0到9），所以密码共有10 000种（10×10×10×10）可能，也就是说我们将这10 000种密码全部去验证一遍，我们最多尝试9 999次就能找到真正的密码，而更多的时候可能验证到一半就找到正确的密码了。利用穷举法来进行逐个推算，破解任何一个密码也都只是一个时间问题。

图解穷举法：

我们以一个两位数的密码A为例，如果A=92，来看看如何使用穷举法破解这个密码吧！

（1）第一步，密码的十位取0，个位取从0列举到9。生成密码B，B都不等于A。

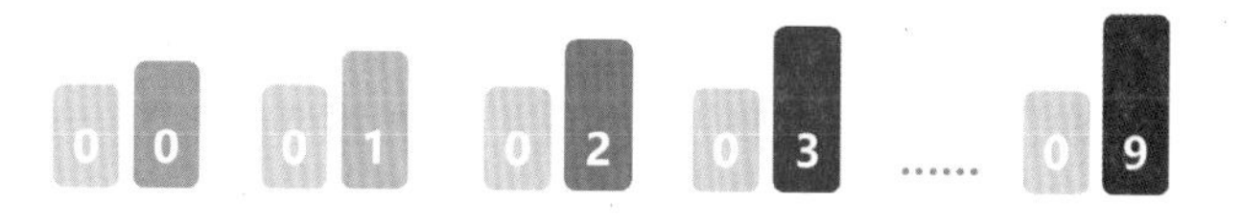

（2）第二步，密码的十位取1，个位取从0列举到9。生成密码B，B都不等于A。

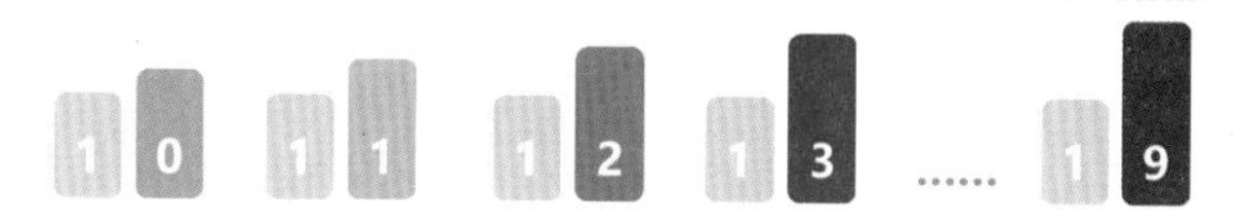

（3）第三步，密码的十位取2，个位取从0列举到9。生成密码B，B都不等于A。

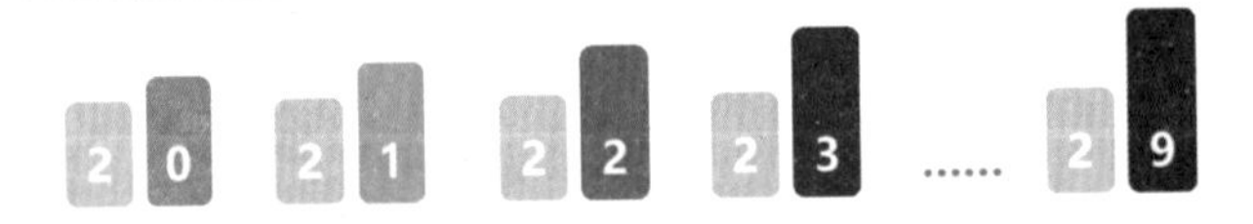

（4）……

（5）最后，密码的十位取9，个位取从0列举到9。生成密码B，发现生成密码的92等于A。

有了上面的思路，相信你已经掌握了穷举法的诀窍。核心就是不断地列举直到找到正确答案。下面让我们一起来看看在Scratch中如何使用穷举法来解决“以碗知僧”的问题吧。

思路流程图

分析思路：

我们只需要不断地列举僧人的数量，当需要的碗数量刚好是364个时，得到正确答案。最终实现效果如下图：

思路流程图：

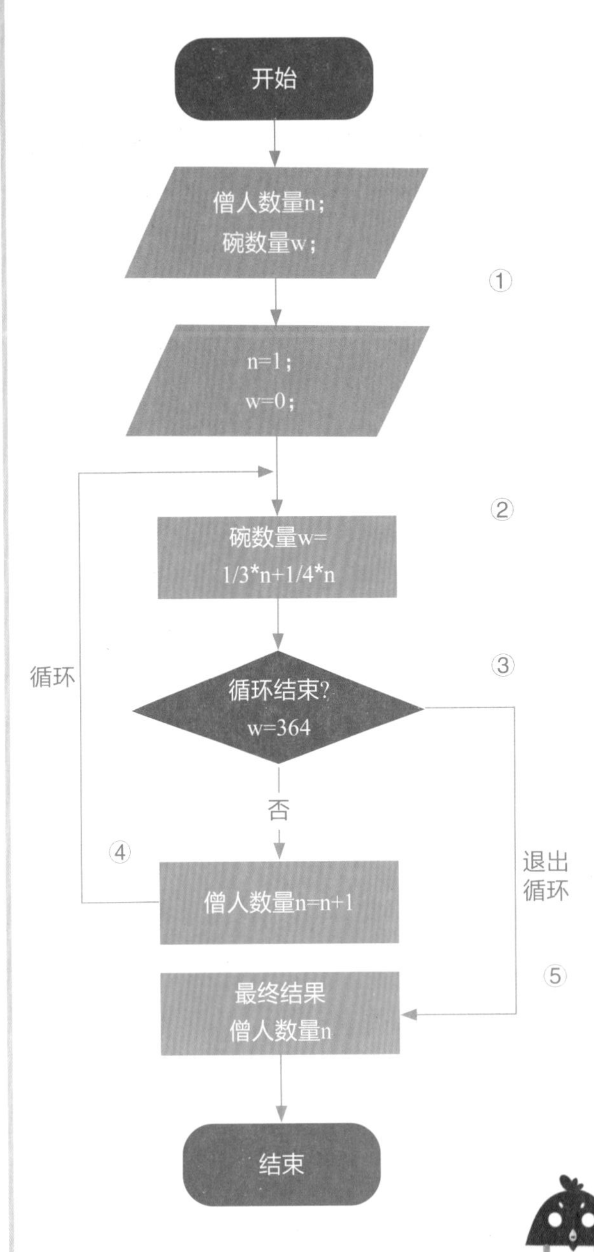

①变量僧人数量n，碗数量w。初始值设置，僧人数量n从1个开始，n=1；碗数量w=0。

②循环进入穷举，根据僧人数计算出碗数量w。

③循环穷举中，判断碗数量w是否等于364。如果等于，满足穷举条件，则退出循环，执行步骤⑤；如果不等于，继续穷举。

④将僧人数量n增加1，进入到下一次循环。相当于下一次穷举。

⑤循环结束，此时碗数量w刚好是364，这里的僧人数量n就是最终答案。

编程大作战

制作过程

步骤1：初始化。

在代码的变量分类中点击建立一个变量，来新建两个变量。僧人数量n，碗数量w。然后设置它们的初始值。

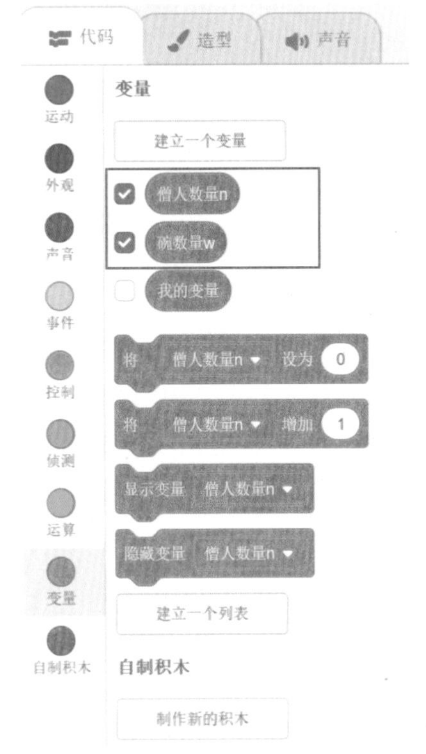

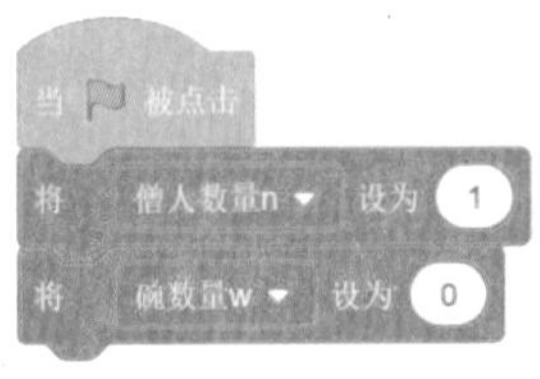

继续 →

步骤2：计算碗的数量。

碗数量w 的计算公式：w =1/3 × n + 1/4 × n。

步骤3：条件判断。

穷举法的判断条件是碗数量w是否等于364。

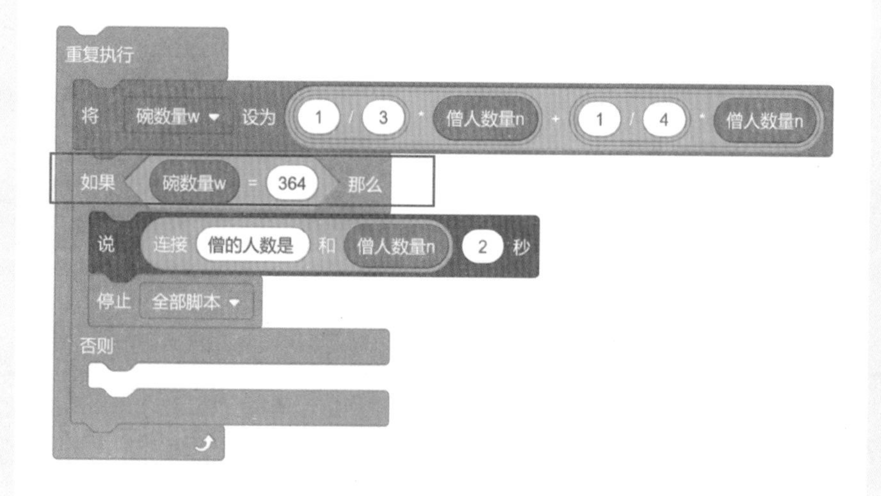

步骤4：进入下一次遍历。

穷举法的判断：如果碗数量w不等于364，说明不满足穷举条件，需要进入穷举法的下一次阶段判断，将僧人数量增加1。

继续 ⟶

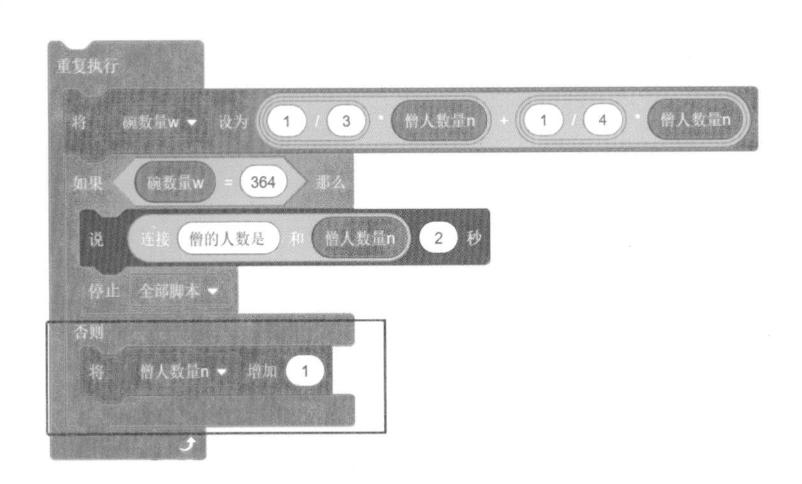

步骤5：完整积木代码。

最终，实现的积木代码如下图，看看你做出来是不是这样的。

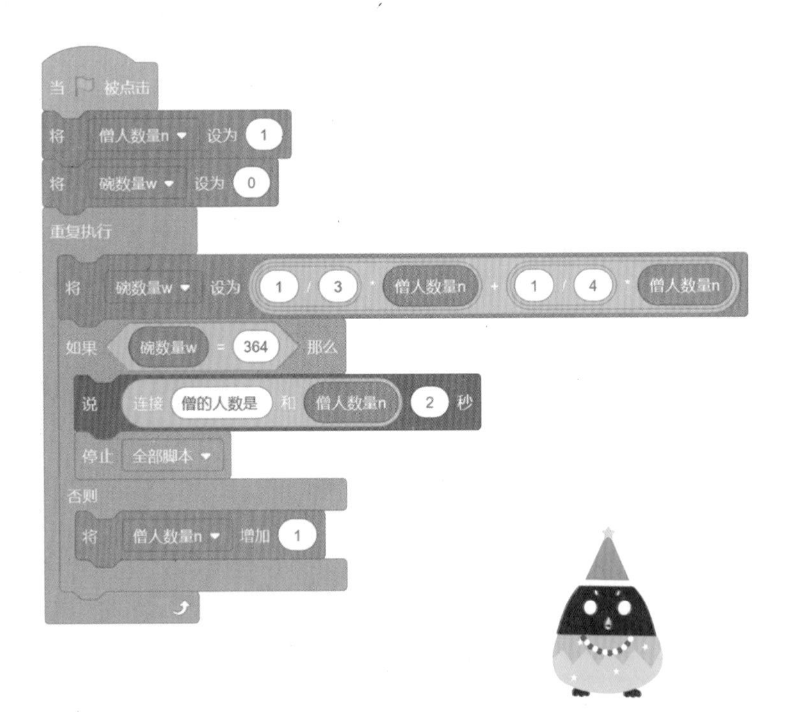

运行与调试

完成了上述步骤，运行效果到底如何呢？点击 🏳 运行一下，看看是否有问题。（可以多点击几次，看看有什么不同哦！）

如果没问题，恭喜你又学到了一个新的知识点，并且能在Scratch中正确地运用；如果有问题，再看一下上面的内容，通过比对积木以及积木里的参数来调试，直到让自己满意。

如果调试有困难，可以添加老师的微信或者QQ获取帮助。

挑战自我

淮安民间流传着一则故事——《韩信点兵》，于是有了成语“韩信点兵，多多益善”。

韩信点兵，多多益善

韩信是汉高祖刘邦手下的大将，他英勇善战，智谋超群，为汉朝建立了卓绝的功劳。据说韩信的数学水平也非常高超，他在点兵的时候，为了知道有多少个兵，同时又能保住军事机密，便让士兵排队报数:

①按从1至5报数，记下最末一个士兵报的数为1。

②再按从1至6报数，记下最末一个士兵报的数为5。

③再按1至7报数，记下最末一个士兵报的数为4。

④最后按1至11报数，记下最末一个士兵报的数为10。

你知道韩信至少有多少兵吗？试试使用刚刚学习的穷举法来帮助韩信，看看他到底有多少士兵。

小提示：士兵排队报数的结果就是穷举的判断条件。

编程英语

英文	中文	英文	中文
monk	僧人	bowl	碗
hacker	黑客	crack	破解

知识宝箱

穷举法的基本思路是根据题目的部分条件确定答案的大致范围，并在此范围内对所有可能的情况逐一验证，直到全部可能的情况验证完毕。若某个情况验证符合题目的全部条件，则为本问题的一个解；若全部情况验证后都不符合题目的全部条件，则本题无解。用穷举法解题的最大的缺点是运算量比较大，解题效率低，如果穷举范围太大（一般以不超过两百万次为限），在时间上就难以承受。

采用穷举算法解题的基本思路：

（1）确定穷举对象、穷举范围和判定条件。

（2）穷举可能的解，验证是否是问题的解。

第四章

到意大利抱兔子被鄙视

我认为看电视的时候，人的大脑基本停止工作，打开电脑的时候，大脑才开始运转。

——史蒂夫·乔布斯

史蒂夫·乔布斯（Steve Jobs），出生于美国旧金山，美国苹果公司创始人。乔布斯被认为是计算机业界与娱乐业界的标志性人物，他经历了苹果公司几十年的起落与兴衰，先后领导和推出iPhone、iPad、Macbook、Macintosh、iMac、iPod等风靡全球的电子产品，深刻地改变了现代通讯、娱乐、生活方式。乔布斯同时也是制作《飞屋环游记》《玩具总动员》的皮克斯动画（Pixar）公司的前董事长及行政总裁。

"意大利！意大利！意大利！"申小吉在天上飞的时候，看到地图上有个国家形似一只靴子，顿时来了兴趣。地图察觉到了申小吉的兴趣，就告诉申小吉，这是意大利。申小吉决定去那里看看。他降落在了"靴子口"旁边的米兰城。米兰城里有一大片公园，绿树、蓝天白云，眼前是来自世界各地的游客，空气中弥漫着披萨的香气。

不远处，有一群小朋友在草地上喂兔子吃草。申小吉很喜欢兔子，于是乐呵呵地准备上前抱一抱兔子。这时候一个金发碧眼的可爱小女孩用意大利语说了句"你走开，你不够格"。申小吉感到吃惊，这个小女孩人小脾气不小，"为啥我不够格？"申小吉摊开双手作委屈状。"你知道斐波那契数列吗？"小女孩白了申小吉一眼。申小吉一时蒙了，赶紧用法力查找资料。

斐波那契在《计算之书》中提出了一个有趣的兔子问题：若一对成年兔子每个月恰好生下一对小兔子（一雌一雄）。在年初时，只有一对小兔子。在第一个月结束时，他们成长为成年兔子，并且第二个月结束时，这对成年兔子将生下一对小兔子。这种成长与繁殖的过程会一直持续下去，并假设生下的小兔子都不会死，那么一年之后共有多少对小兔子呢？

让我们来推算一下在第五个月结束时兔子的总数：

（1）第1个月：只有1对兔子。

（2）第2个月：兔子没有成熟，没有繁殖能力，仍然只有1对兔子。

（3）第3个月：这对兔子成熟了，生了1对小兔子，这时共有2对小兔子。

（4）第4个月：老兔子又生了1对小兔子，而上个月出生的兔子还未成熟，这时共有3对兔子。

（5）第5个月：这时已有2对兔子可以繁殖，还有1对兔子没有成熟。因此可以生2对兔子，这时共有5对兔子。

如此推算下去，我们不难得出下面的结果（如下表）：

月份	1	2	3	4	5	6	7	8	9	10	11	12	13	...
兔子的对数	1	1	2	3	5	8	13	21	34	55	89	144	233	...

从表中可知，一年后（第13个月时）共有233对兔子。也就是说，在短短的一年时间，一对兔子就能繁殖出233对兔子。则由第1月到第13月兔子的对数分别是：

1，1，2，3，5，8，13，21，34，55，89，144，233，…

这样就构成了一个数列。这个数列有十分明显的特点：后一项等于前两项之和。

后人为了纪念提出兔子繁殖问题的斐波那契，便将这个兔子数列称为斐波那契数列（Fibonacci Sequence），学术界又称为黄金分割数列，这些数字就被称为斐波那契数。自斐波那契数列产生至今，人们研究其为何经久不衰，一大原因就是研究斐波那契数列有极大的益处。

下图就是斐波那契螺旋线，也称“黄金螺旋”，以斐波那契数为边的正方形拼成的长方形，然后在正方形里面画一个90°的扇形，连起来的弧线就是斐波那契螺旋线。在自然界中，许多事物本身蕴含的规律都跟斐波那契数列有关。例如，树木的生长，由于新生的枝条往往需要一段“休息”时间，供自身生长，之后才萌发新枝。因此一株树苗在一段时间间隔后，例如一年，会长出一条新枝；第二年新枝“休息”，老枝依旧萌发。此后，老枝与“休息”过一年的新枝同时萌发，当年生的新枝则次年“休息”。这样，一株树木各个年份的枝丫数，便构成斐波那契数列。

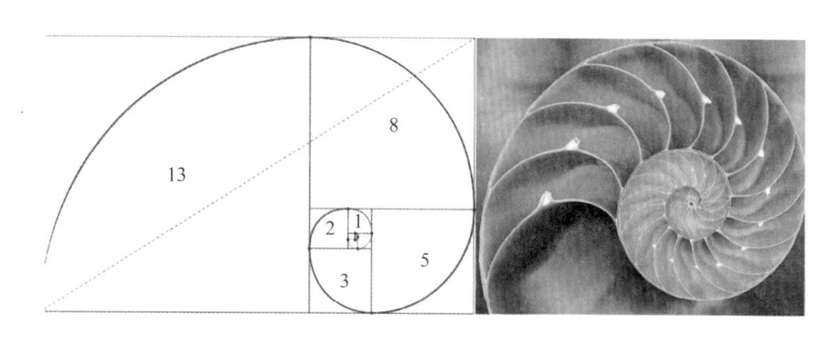

前面我们罗列得到的部分斐波那契数列是：

1，1，2，3，5，8，13，21，34，55，89，144，233，…

如果想看看第100位斐波那契数列是多少，该怎么办呢？下面我们使用Scratch来实现斐波那契数列的前100位数。

前面我们了解到斐波那契数列的特点：后一项等于前两项之和。可以使用公式L[i]=L[i-1]+L[i-2]表示。因此，我们只要知道了斐波那契数列的前两项，之后的每一项都可以通过这个公式来计算出来。这种从已知的初始条件出发，依据某种关系，逐次推出所要求的各种间结果及最后结果的过程叫作递推。递推算法的首要问题是得到相邻的数据项之间的关系（即递推关系）。

思路流程图

分析思路：

使用递推算法的核心是要找到前后数据项之间的关系，在斐波那契数列中就存在这种关系：后一项等于前两项之和。所以我们使用列表来实现：

（1）建立列表。第1项设置为1，第2项也设置为1。

（2）循环生成后一项，后一项等于前两项之和：L[i]=L[i-1]+L[i-2]。

（3）把新生成的数字放到列表的末尾。

最终实现效果如下图：

思路流程图：

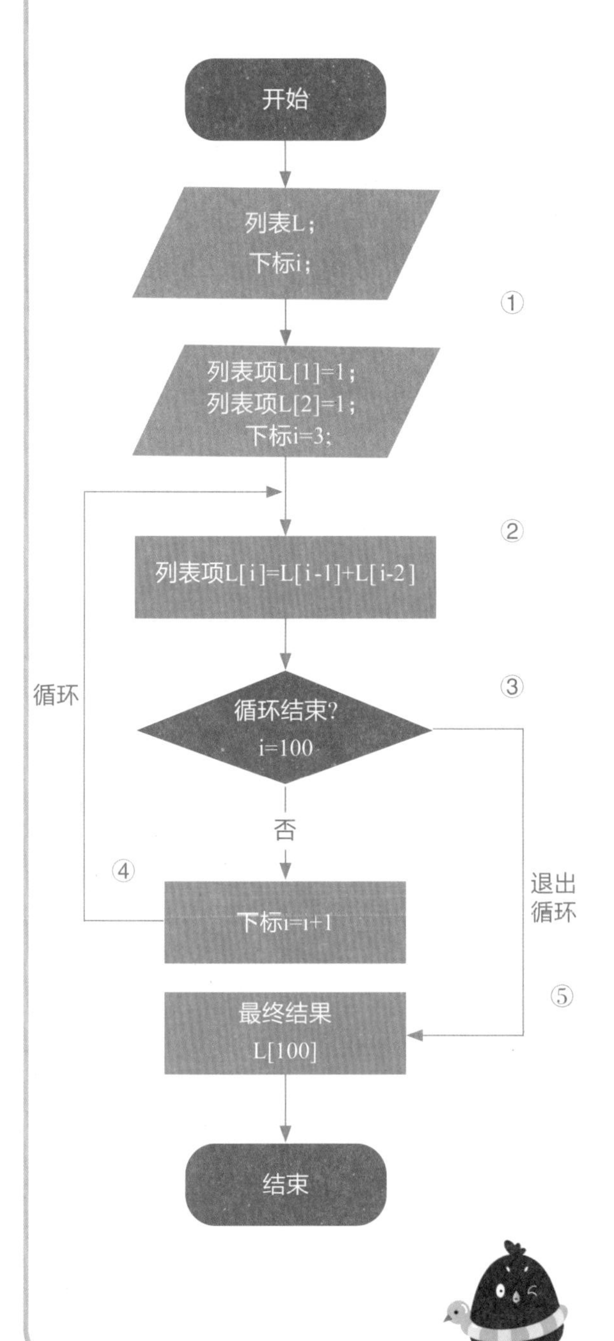

①列表L；下标i；设置初始值，因为列表中第1、第2项需要提前加入，现在需要插入第3项，所以下标i=3。

②循环进入到递推中，利用L[i]=L[i-1]+L[i-2]计算下一项的数值，然后插入到列表中。

③循环判断下标i是否等于100。如果等于100，已经递推到了第100项，退出循环，执行步骤⑤；如果不等于100，需要继续递推。

④将下标i增加1，进入到下一次循环。相当于还需要计算下一项。

⑤循环递推结束，这时可以得出列表第100项，即是斐波那契数列第100位的数字。

编程大作战

制作过程

步骤1：初始化。

在Scratch中新建列表L；变量下标i；变量总和m。变量需要设置初始值。

（1）列表中提前新建第1项、第2项，都是1。

（2）递推生成斐波那契数列从第3项开始，因此i=3。

继续 →

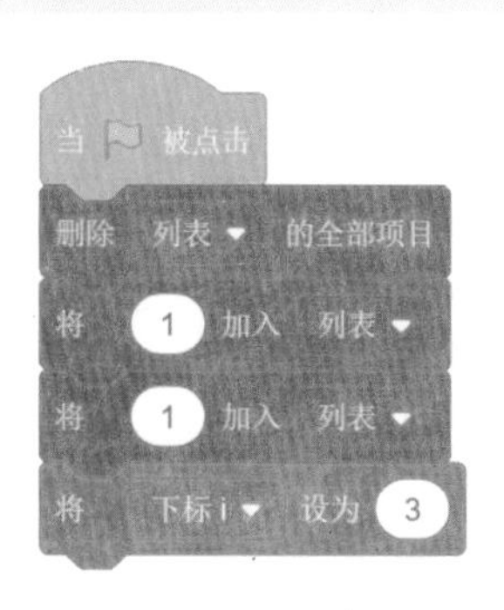

步骤2：计算列表下一项。

斐波那契数列表中下一项的值是前两项的和。

列表中前一项序号是 

列表中前一项的值是 

列表中再前一项序号是 

列表中再前一项的值是 

列表中下一项的值是前两项的和，因此得到的值是：

然后，我们把新计算得到的下一项的值加入到列表中。

步骤3：循环迭代。

循环控制，让下标i递增，这样就可以不断地产生新的下一项。

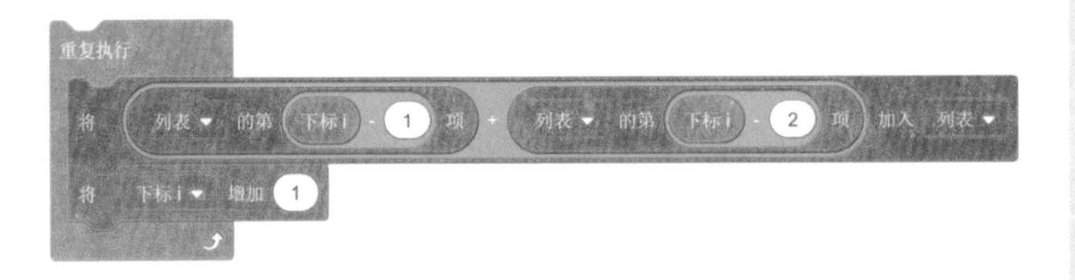

步骤4：取出结果。

下标i等于100，停止循环。取出列表的第100项即是斐波那契数列第100位数字。

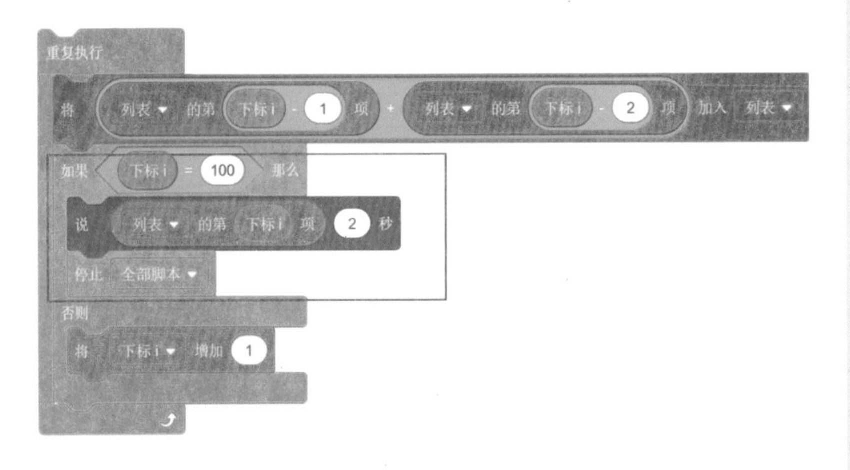

步骤5：完整积木代码。

下图是完整的积木代码图，来看看你做出来的是不是这样的。

继续 →

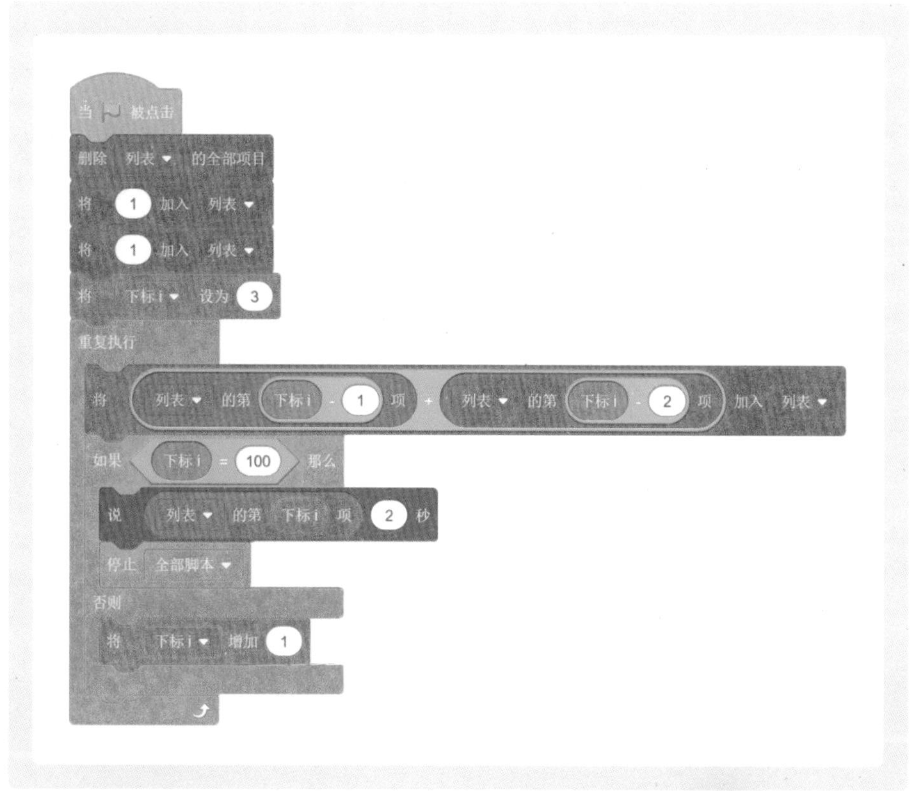

运行与调试

完成了上述步骤，运行效果到底如何呢？点击 运行一下，看看是否有问题。

如果没问题，恭喜你又学到了一个新的知识点，并且能在Scratch中正确运用；如果有问题，再看一下上面的内容，通过比对积木以及积木里的参数来调试，直到让自己满意。

如果调试有困难，可以添加老师的微信或者QQ获取帮助。

挑战自我

有一个有趣的台阶，从最底部出发，每一步只能向右走、向上走或向左走。恰好走n步且不经过已走的点共有多少种走法?

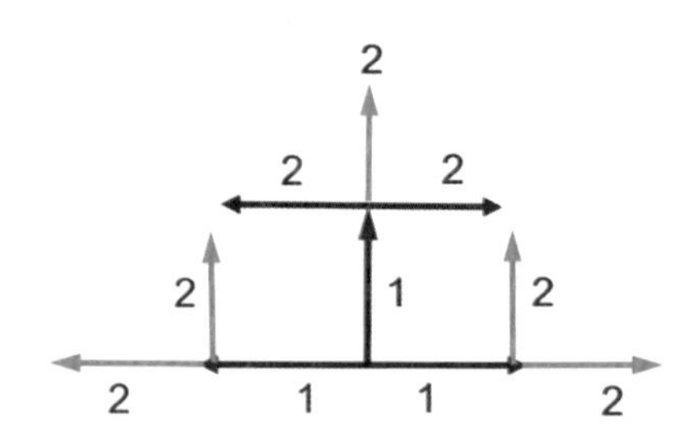

上图中当n=2的时候，总共有7种走法。

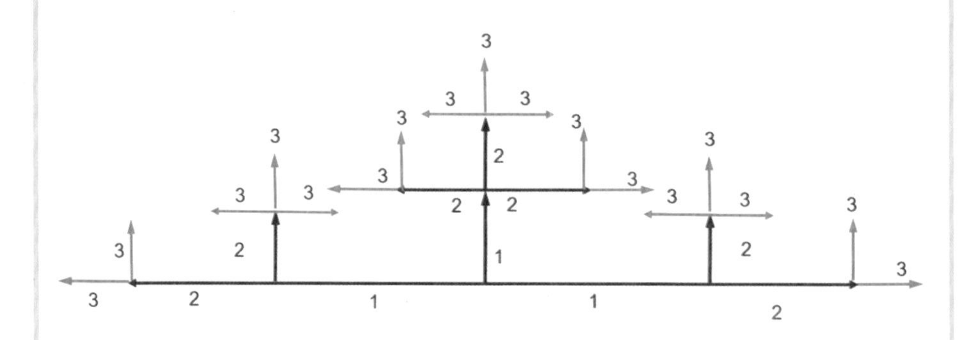

上图中当n=3的时候，总共有17种走法。

小提示：走法 f（n）的一般关系式如下（其中）：

f（n）=3*f（n-2）+2*（f（n-1）-f（n-2））（n≥3）

编程英语

英文	中文	英文	中文
rabbit	兔子	gold	黄金
hundred	百		

知识宝箱

递推法是重要的数学算法之一，在数学的各个领域中都有着广泛的运用，也是计算机用于数值计算的一个重要算法。递推算法的首要问题是得到相邻的数据之间的关系（即递推关系）。递推算法是把一个复杂的问题的求解，分解成了连续若干步的简单运算。一般说来，可以将递推算法看成是一种特殊的迭代算法。

可用递推算法求解的题目一般有以下两个特点：

（1）问题可以划分成多个状态。

（2）除初始状态外，其他各个状态都可以用固定的递推关系式来表示。

我们在实际解题中，题目不会直接给出递推关系式，而是需要通过分析各种状态，找出递推关系式。比如，斐波那契数列递推关系式是L[i]=L[i-1]+L[i-2]。

第五章

《中国好嗓子》谁是冠军？

你做成的事情越多，你能做的事就越多。

——露西尔·鲍尔

露西尔·鲍尔，（Lucille Ball，1911—1989）是美国演艺界极具标志性意义的女演员、喜剧明星。

20世纪50年代，鲍尔签约米高梅电影公司，但她在电影方面并没有取得太多成就，出演了大量低成本、小制作的B级电影，因而在好莱坞圈中，她被称作“B级片皇后”。凭借自己的不懈努力，在电视时代，她迎来了事业的辉煌，主演了里程碑式的情景喜剧《我爱露西》，该剧获得四次艾美奖，露西尔也在此后被称为“喜剧女王”。

虽然在天庭和其他神仙一起K歌的时候，申小吉的歌声被人评价为“别人唱歌要钱，你申小吉唱歌要命”，但申小吉对唱歌的热情并没有被磨灭，更改不了对自己歌声的迷之自信，每次洗澡都要对着浴室的镜子深情地和自己对唱。这不，新一季《中国好嗓子》厦门分赛区开始接受报名了，申小吉在天庭K歌聊天群里发了条消息：等我拿冠军！刚才还火热的聊天群顿时陷入了沉默。因为大家知道，申小吉可能就是“一轮游”。虽然个别评委可能会给过高或过低的分数，但这两个分数会被去掉，取中间的平均分。

评委老师的打分如下图：

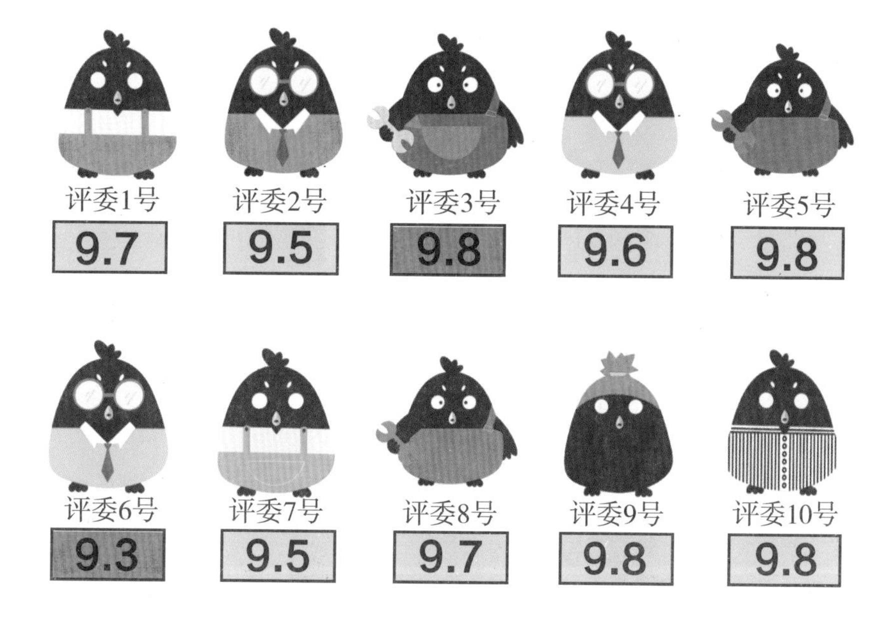

分数出来之后，比赛规则是去掉一个最高分（图中9.8分），去掉一个最低分（图中9.3分），然后取剩余得分的平均分。要计算选手的最后得分，首先第一步需要找出最高分。但是如何从一堆数字里面找到最大的一个呢?

图解找最大值

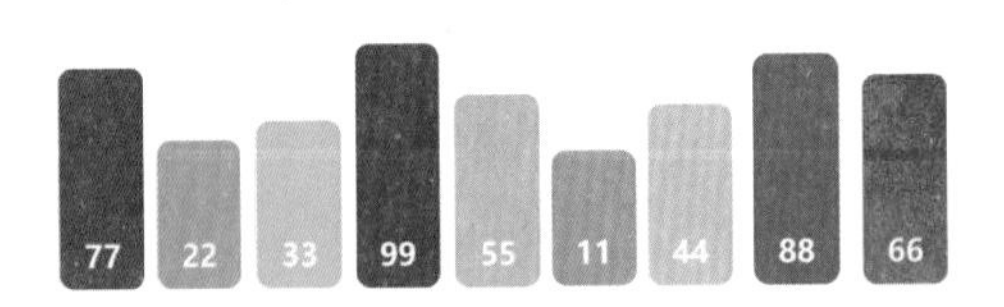

上图中有9个数字的数据集合，需要从中找出最大的数字。下面来一步步拆解，我们可以先把这些数据放到一个列表中。

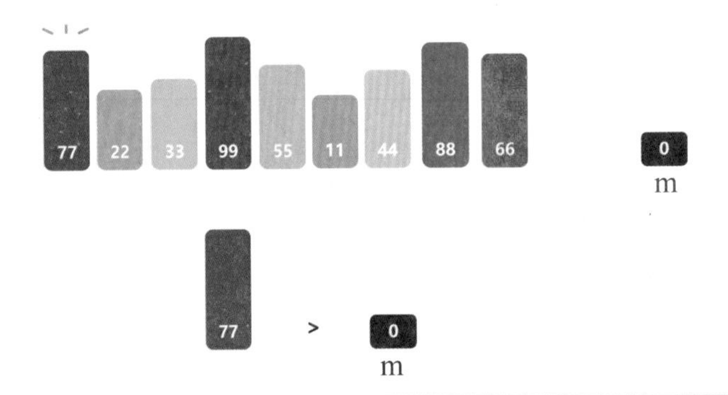

（1）设置一个表示最大值的变量m，m的初始值为0，遍历列表取第1项77与最大值m对比。因为77比m大，则将最大值m重新设为77。

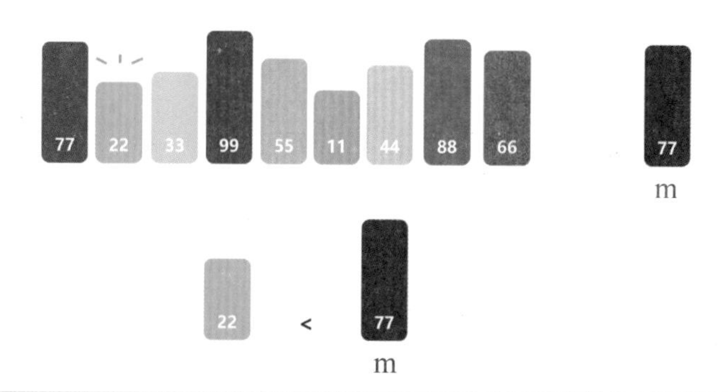

（2）遍历列表取第2项22与最大值m对比。此时m的值是77，因为22比m小。则不做任何操作。

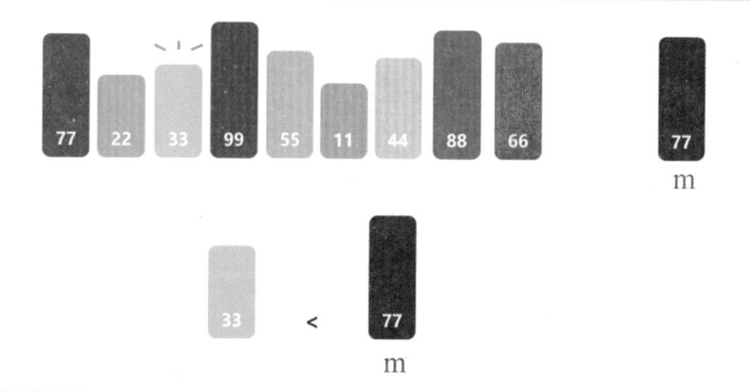

（3）遍历列表取第3项33与最大值m对比。此时m的值是77，因为33比m小。则不做任何操作。

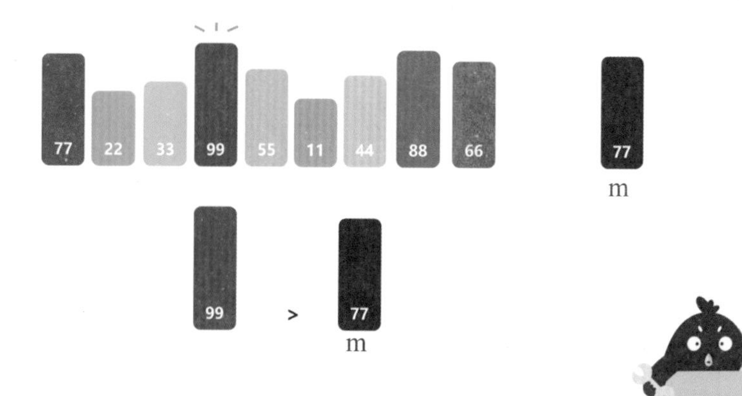

（4）遍历列表取第4项与最大值m对比。此时m的值是77，因为99比m大。则将最大值m重新设为99。

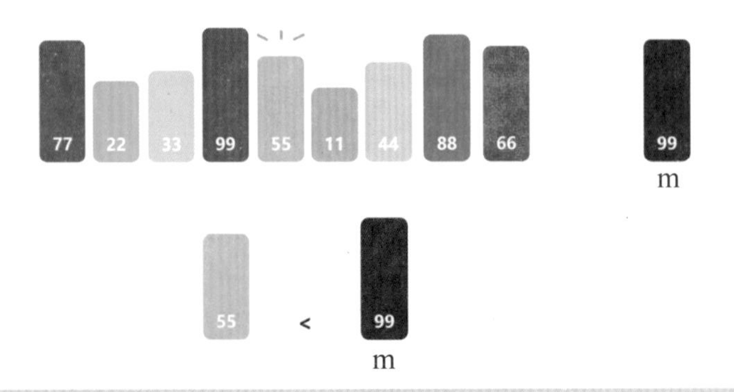

（5）遍历列表取第5项55与最大值m对比。此时m的值是99，因为55比m小。则不做任何操作。

（6）直到遍历完所有列表项，重复上面的操作。最终得到最大值m等于99。

所以找寻一堆数据中的最大值的过程就是遍历这些数据，通过一个个比较找出那个最大的数。下面让我们一起来看看在Scratch中如何把评委评分的最大值找出来吧。

思路流程图

分析思路：

上一节我们学习了如何从一堆数据里面找最大值，核心就是遍历数据，然后比较数据。我们可以按如下思路来：

（1）列表中导入分数。

（2）遍历列表，取最大值。

最终实现效果如下图：

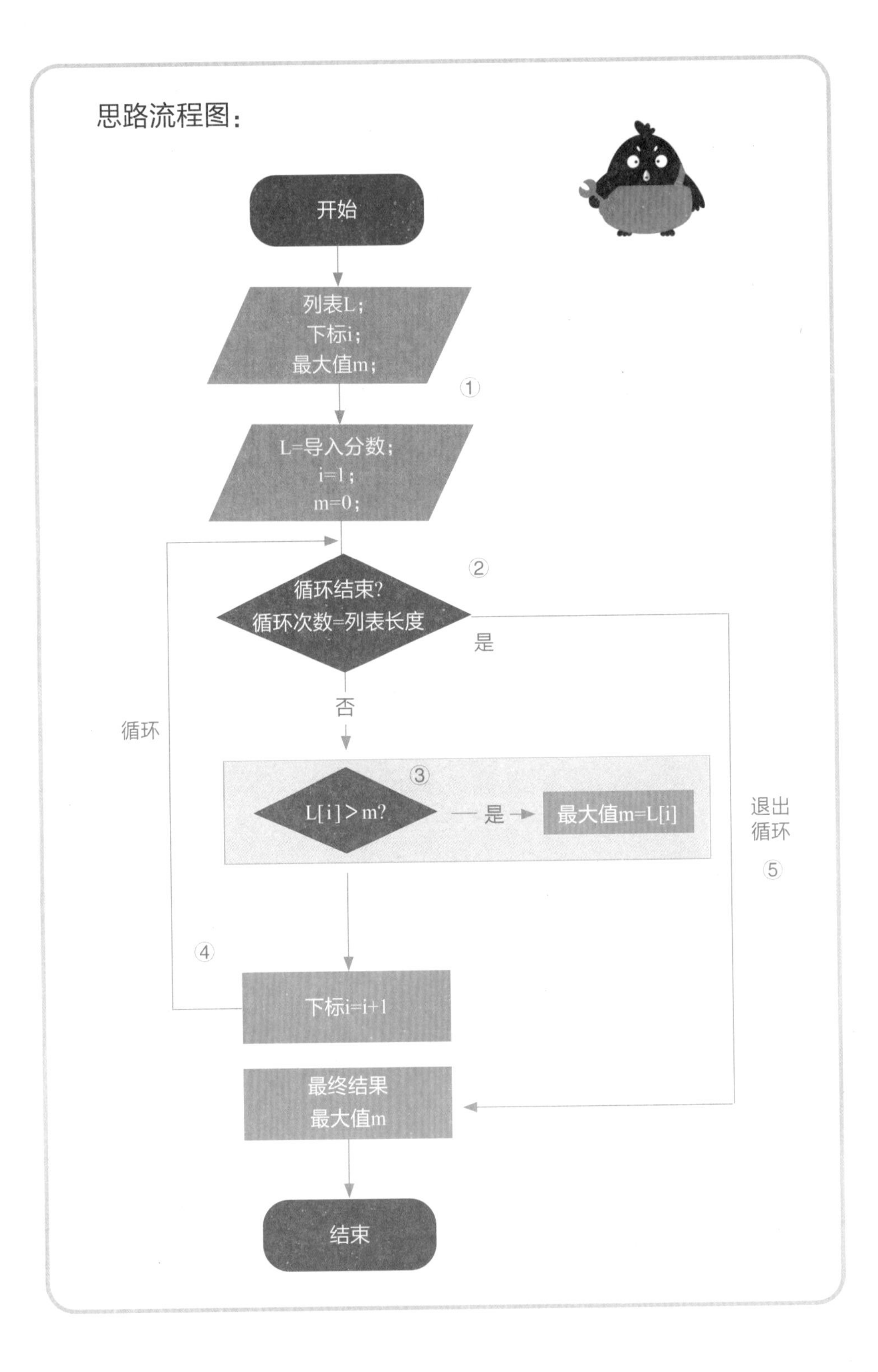

思路流程图：
开始
列表L；
下标i；
最大值m；
①
L=导入分数；
i=1；
m=0；
②
循环结束?
循环次数=列表长度
是
否
循环
③
L[i]>m?
是
最大值m=L[i]
退出
循环
⑤
④
下标i=i+1
最终结果
最大值m
结束

①列表L保存评分；变量最大值m；下标i。初始值设置。列表导入分数；从第1项开始遍历，所以下标i=1；最大值m一开始取0。

②循环进入到列表的遍历。如果遍历到列表最后一项，则退出循环跳到第⑤步执行；否则进入遍历，执行第③步。

③列表遍历过程中，取出遍历到的当前项L[i]，将L[i]与当前最大值m比较；如果L[i]大于m，则将最大值重新设置为新的最大值L[i]。

④列表遍历过程中，将下标i增加1，进入到下一次循环。相当于即将遍历列表的下一项。

⑤列表遍历完，意味着列表中所有的数据项都比较完了，这时的最大值m就是最终结果。

编程大作战

制作过程

步骤1：初始化。

在Scratch中新建列表L；新建变量下标i；最大值m。变量需要设置初始值。

（1）在变量分类中点击建立一个列表，在弹窗中输入列表的名字“列表L”。

（2）在桌面新建一个文本文件“分数.txt”，在文件中每一行写入分数。

（3）鼠标放在舞台区的列表右侧，选择弹出菜单选项导入，在文件选择弹窗中选择刚刚创建的文本文件“分数.txt”。

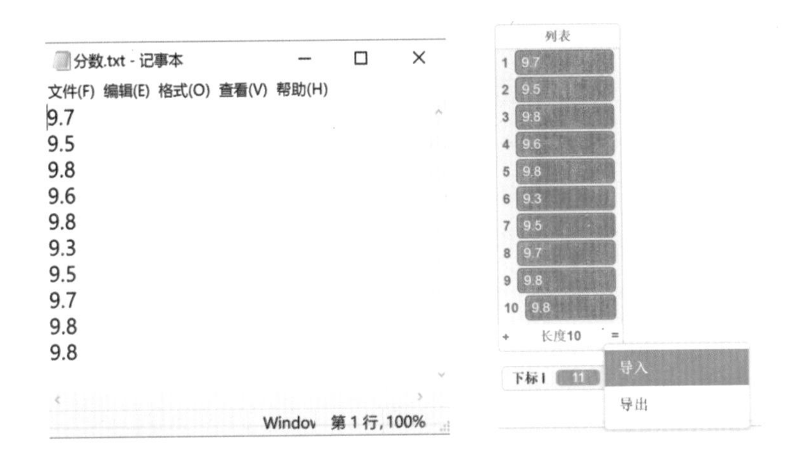

继续 →

（4）下标i和最大值m的初始值。

步骤2：循环遍历。

遍历列表所有的数据项，循环次数等于列表的长度。

步骤3：判断最大值。

遍历列表项，将当前列表取出来的数值L[i]与最大分数m比较。如果L[i]较大，则最大值m重新设置为L[i]。

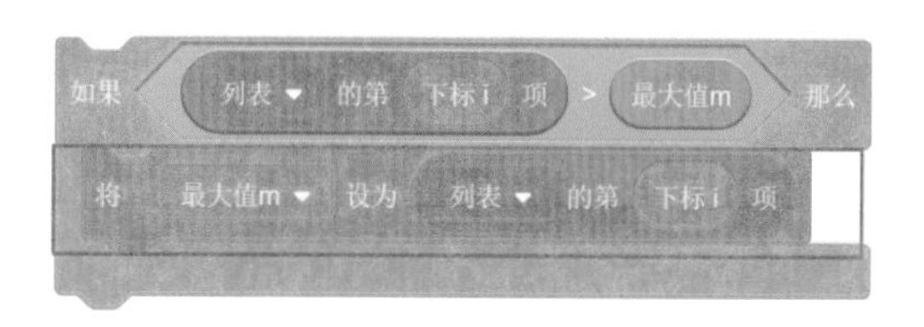

步骤4：下一次循环迭代。

下标i增加1，进入到下一次循环。

继续 ⟶

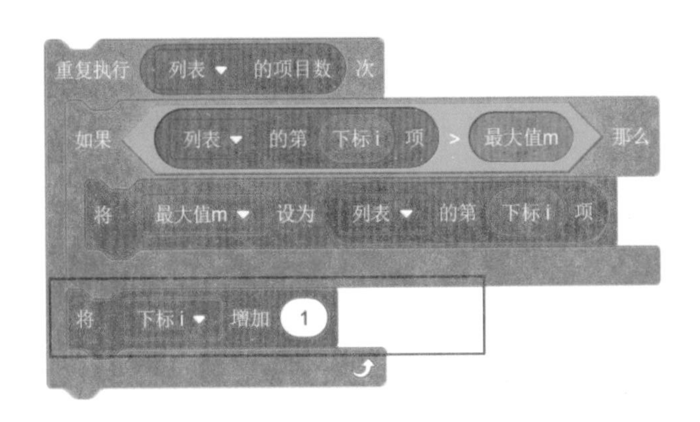

步骤5：最终结果。

列表遍历完，最大值m就是最终的结果。

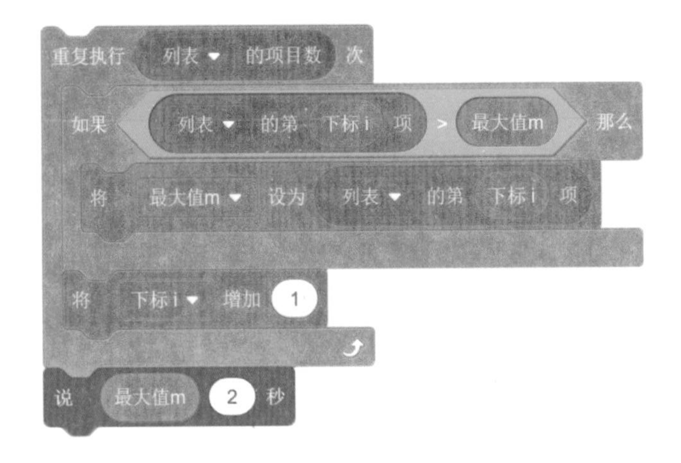

步骤6：完整积木代码。

最终，实现的积木代码如下图，看看你做出来是不是这样的。

继续 →

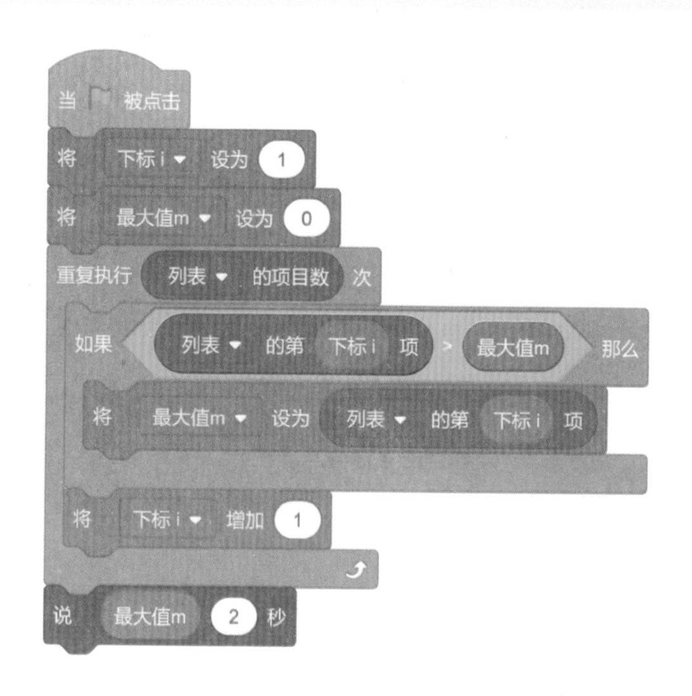

运行与调试

完成了上述步骤，运行效果到底如何呢？点击 运行一下，看看是否有问题。

如果没问题，恭喜你又学到了一个新的知识点，并且能在Scratch中正确地运用；如果有问题，再看一下上面的内容，通过比对积木以及积木里的参数来调试，直到让自己满意。

如果调试有困难，可以添加老师的微信或者QQ获取帮助。

挑战自我

1. 我们在Scratch已经实现了找到所有评委打分中的最大值，要计算歌手的最后得分还要找出最小值。试试看，如何调整刚才的积木代码找到最小值?（图中可以看到得分最小值是9.3）

小提示：找最大值时通过大于号判断，那么找最小值呢?

2. 如果你已经把最小的分数找出来了，那么接下来需要从列表中把最大得分和最小得分去掉，然后计算出平均得分。试试看，该怎么设计积木代码求列表中数值的平均值?（也就是这个歌手的平均得分）

小提示：求平均数的公式是所有数值的和除以数值的个数，所以需要使用列表的遍历，求所有数值的和。

编程英语

英文	中文	英文	中文
competition	比赛	sing	歌唱
maximum	最大	minimum	最小

知识宝箱

找最大值的过程就是遍历所有数据，通过一次次比较找出最大的那个数。这里的核心是通过每次遍历保留当前最大的值。

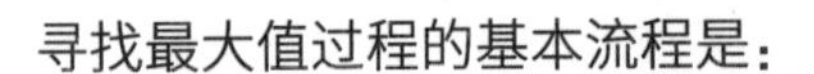

寻找最大值过程的基本流程是：

（1）遍历所有数据。

（2）如果当前项比最大值大，则重新设置最大值为当前项。

第六章

谁是特种兵之王

不以规矩，不能成方圆。

——孟子

孟子名轲，字子舆，战国时期邹国（今山东邹城）人。战国时期著名哲学家、思想家、政治家、教育家，宣扬“仁政”，最早提出“民贵君轻”的思想。韩愈的《原道》中将孟子列为先秦儒家继承孔子“道统”的人物，元朝追封孟子为“亚圣公·树宸”，尊称为“亚圣”。

代表作有《鱼我所欲也》《得道多助，失道寡助》等。《生于忧患，死于安乐》《富贵不能淫》《寡人之于国也》被编入中学语文教科书中。儒家学派的代表人物之一，地位仅次于孔子，与孔子并称“孔孟”。

“砰！砰！”靶场传来一阵阵枪声，申小吉听得心痒痒，在天庭的时候，申小吉曾经是特种侦察兵，退伍后好久没有打靶了，手都痒了。于是他准备动用法力，把自己变成特种兵。在欧洲的爱沙尼亚，那里正在举办“爱尔纳·突击”国际特种侦察兵比赛。“咻”的一下，申小吉尾随在了一群军官身后，给自己变了一身军装，和这群军官一模一样。正当申小吉摩拳擦掌准备过一把瘾的时候，他所在的人群竟然都在裁判区就座。原来申小吉尾随的这群军官都是裁判，而不是参赛队员。没办法，申小吉只得硬着头皮开始裁判工作。他被告知，他的工作是给参赛特种兵排序。

在这次特种兵比赛中，选手们都发挥得非常出色，取得了很好的成绩。按照比赛规则，裁判评出所有选手的最终比分。

得分	8.8	9.6	9.1	9.3	8.9	9.4	9.5	8.5	8.8	8.6	9.0	9.3	9.1	8.6	8.2

比赛全部结束了，组委会会给选手们颁奖，不同名次的奖励是不同的。现在需要把这些选手的得分进行排序，得到他们的排名。

前面我们已经学到了如何从一堆数字里面找到最大值，而现在是要把一堆数字进行排序。这也太难了！下面将介绍一种常用的简单排序方法——冒泡排序。

图解冒泡排序

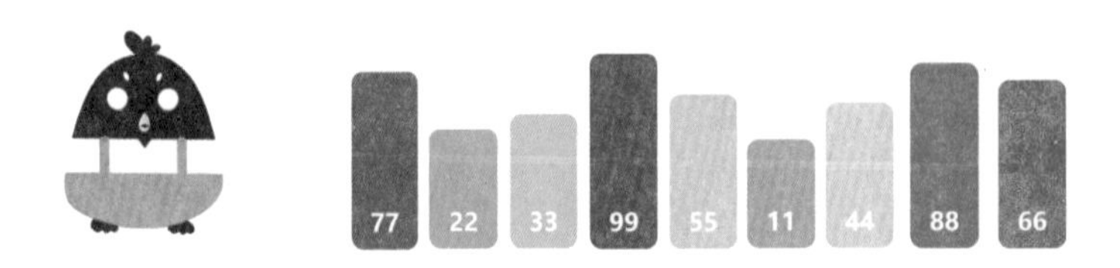

上图中有9个数字的数据集合，需要从小到大排序。下面我们来一步步拆解，我们可以先把这些数据放到一个列表中。

第1趟排序：

依次比较第1项和第2项、第2项和第3项、……、第i-1项和第i项的数据。如果发现第1个数据大于第2个数据，那么交换它们，经过第1次排序之后，最大的数据排到了最后。

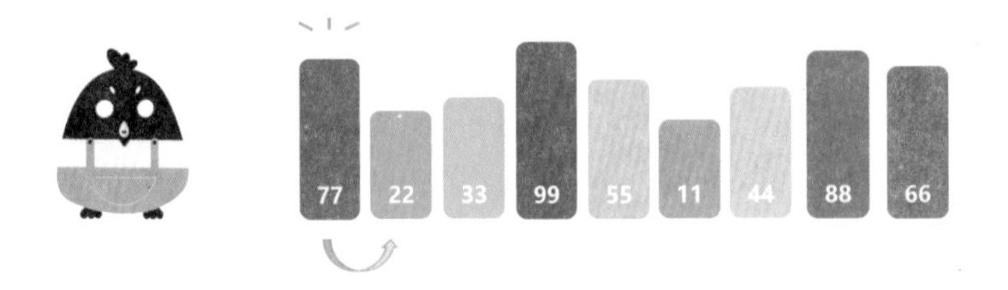

（1）第1个与第2个比较。77比22大，位置交换。

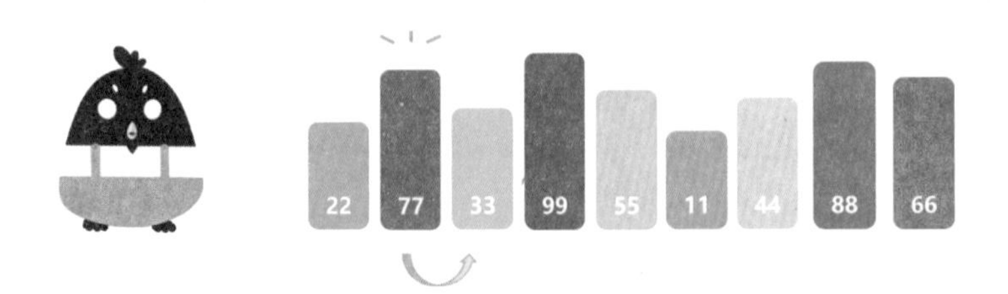

（2）第2个与第3个比较。77比33大，位置交换。

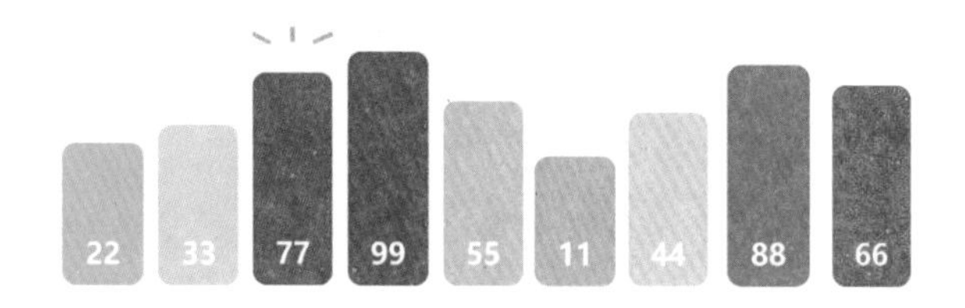

（3）第3个与第4个比较。77比99小，位置不变。

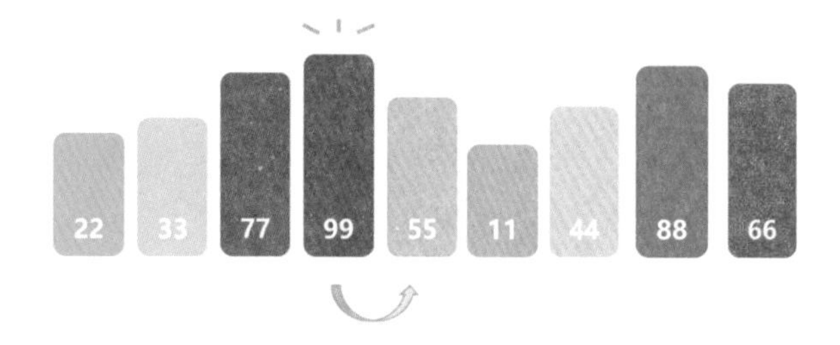

（4）第4个与第5个比较。99比55大，位置交换。

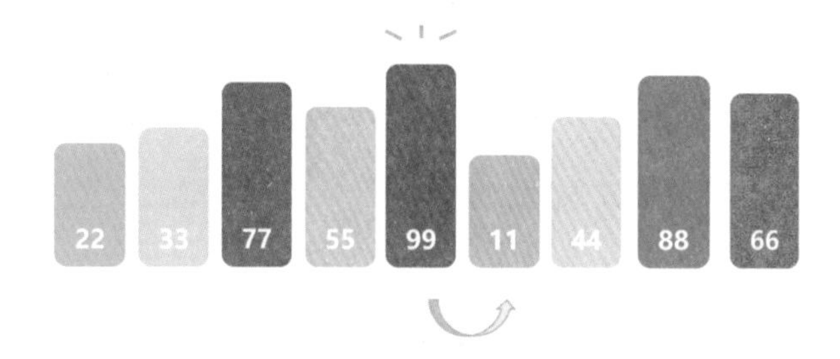

（5）第5个与第6个比较。99比11大，位置交换。

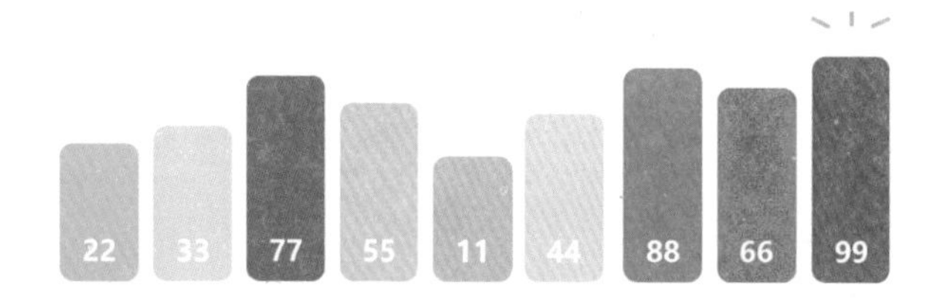

（6）第1趟遍历比较之后，可以发现最大的值99已经排到了最后。

第2趟排序：

依次比较第1项和第2项、第2项和第3项、……、第i-2项和第i-1项的数据。这里最后一项已经是第1趟最大的值99了，排除99这项不需要比较。

最后发现第二大的88也排到了最后。

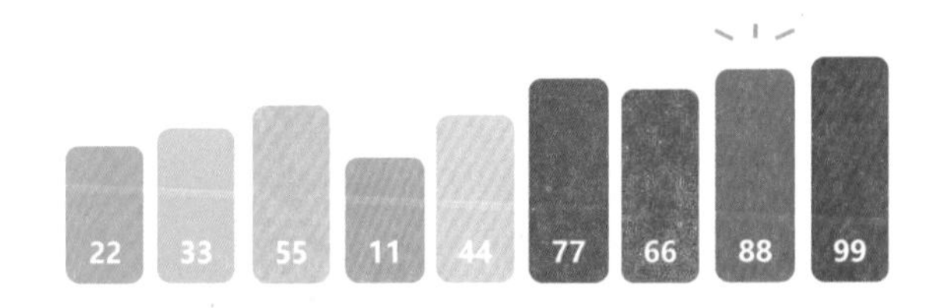

第3趟排序：

最后发现第三大的77也排到了最后。

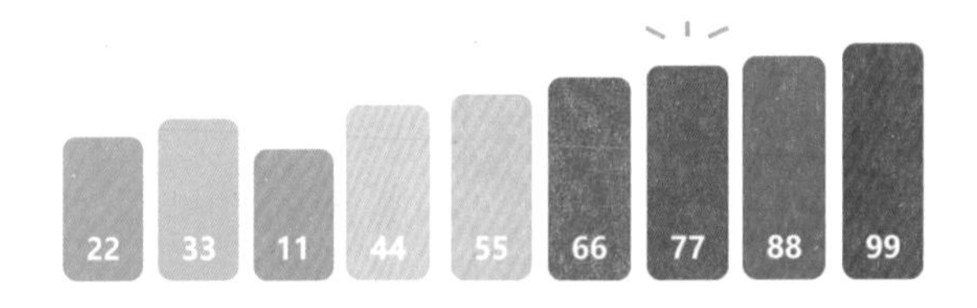

最后，第9趟排序之后：

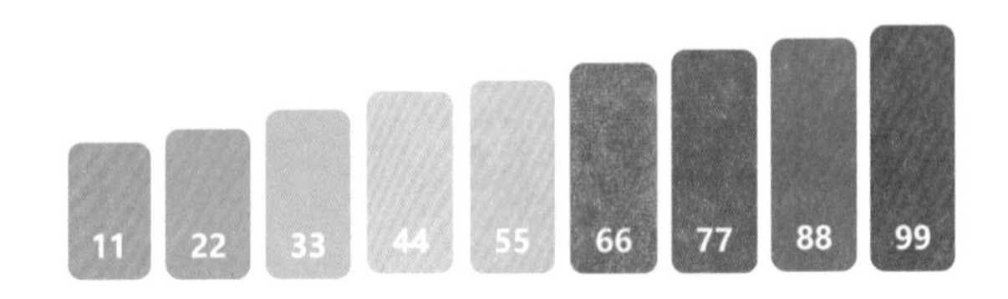

所以将这些选手的得分进行排序的过程就是遍历这些数据，通过前两项对比交换，每一次的排序最终都会把此次最大的值排到最后。下面让我们一起来看看在Scratch中如何把评委评分按照从小到大排序吧。

思路流程图

分析思路：

上一小节我们学习了如何从一堆数据里面找到最大值，核心就是遍历数据，然后比较数据。我们可以按如下思路来：

①列表中导入分数。

②遍历列表，取最大值。

最终实现效果如下图：

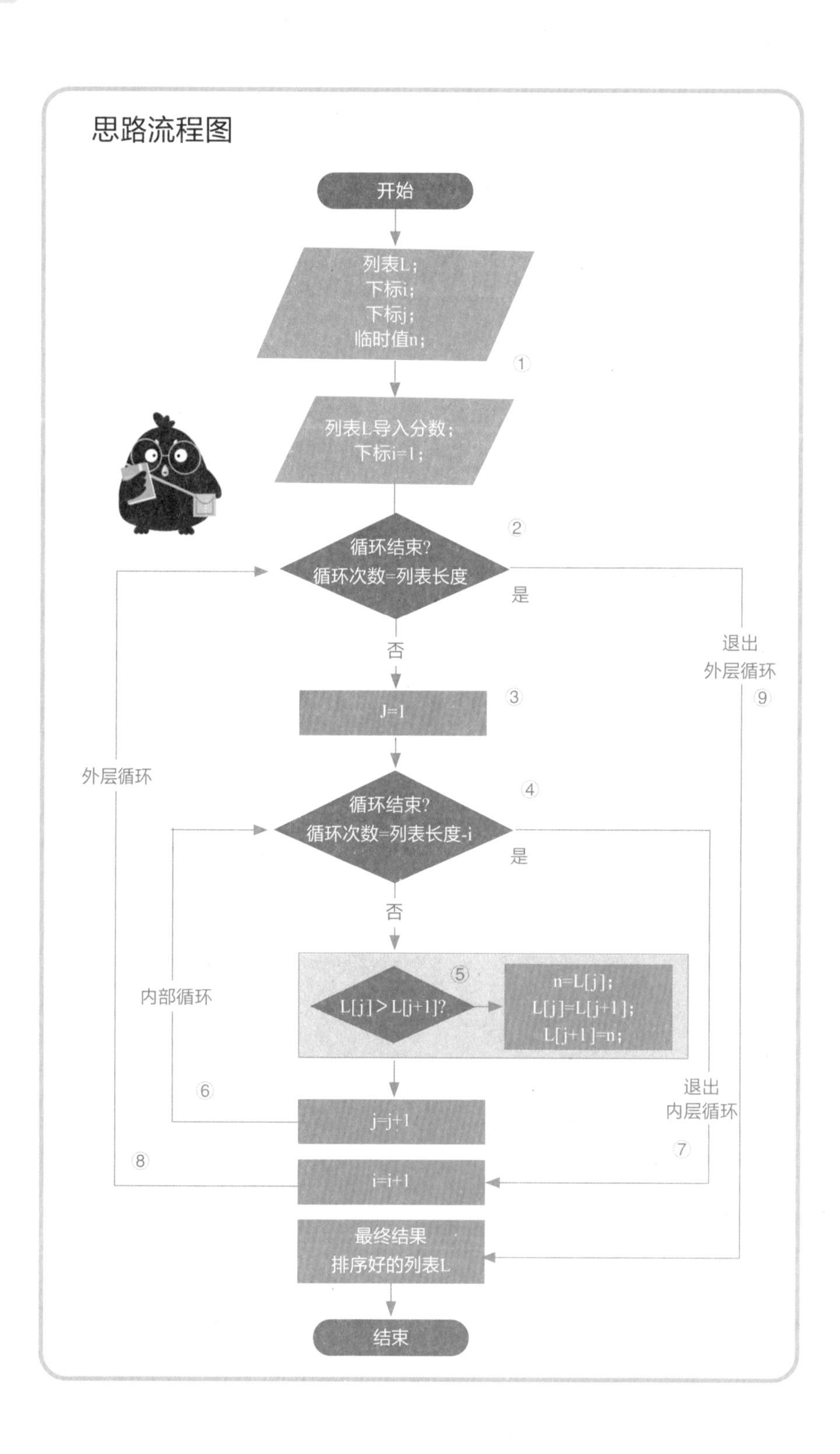
思路流程图
开始
列表L；
下标i；
下标j；
临时值n；
①
列表L导入分数；
下标i=1；
②
循环结束?
循环次数=列表长度
是
否
退出
外层循环
⑨
J=1
③
外层循环
④
循环结束?
循环次数=列表长度-i
是
否
内部循环
⑤
L[j] > L[j+1]?
n=L[j]；
L[j]=L[j+1]；
L[j+1]=n；
⑥
j=j+1
退出
内层循环
⑦
⑧
i=i+1
最终结果
排序好的列表L
结束

①列表L；下标 i；下标 j；临时值n。初始值设置，列表L 中导入分数；排序要从第一趟开始，因此 i =1。

②开始进入新的一趟排序，循环次数为列表的长度。在每趟排序中，需要把列表中的项两两比较，也就是需要遍历列表。遍历列表需要从第1项开始，因为j=1。

③开始进入列表的遍历。循环的次数等于列表的长度减去i，因为每经历过第1趟的排序，总会把最新找到的最大值放到列表的最后。

④列表遍历过程中，当前项是L[j]，后一项是L[j+1]，两两对比判断，如果当前项L[j]大于L[j+1]，那么把这两项的值相互交换。这样大一些的值就放到了后面。

⑤列表遍历过程中，两两比较完之后，j=j+1，进入下一次的循环遍历。

⑥列表遍历完之后，i=i+1，进入下一趟的排序。

编程大作战

制作过程

步骤1：初始化。

新建列表L；下标i；下标j；临时值n。需要设置初始值。

（1）列表中导入评委的评分。

（2）排序要从第一趟开始，因此i=1。

分数.txt - 记事本

文件(F) 编辑(E) 格式(O) 查看(V) 帮助(H)

8.8
9.6
9.1
9.3
8.9
9.4
9.5
8.5
8.8
8.6
9.0
9.3
9.1
8.6
8.2

继续 →

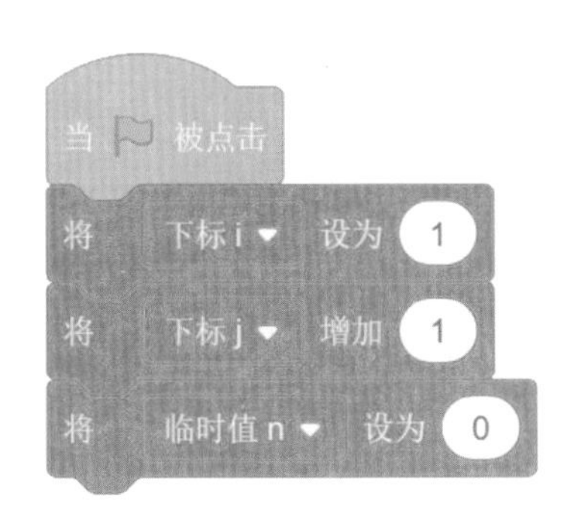

步骤2：循环遍历。

开始进入新的一趟排序。

（1）总共循环的次数是列表的长度。

（2）遍历列表需要从第1项开始，j=1。

步骤3：内嵌循环。

在每一趟排序中，都需要遍历一次列表。循环的次数等于列表的项目数。

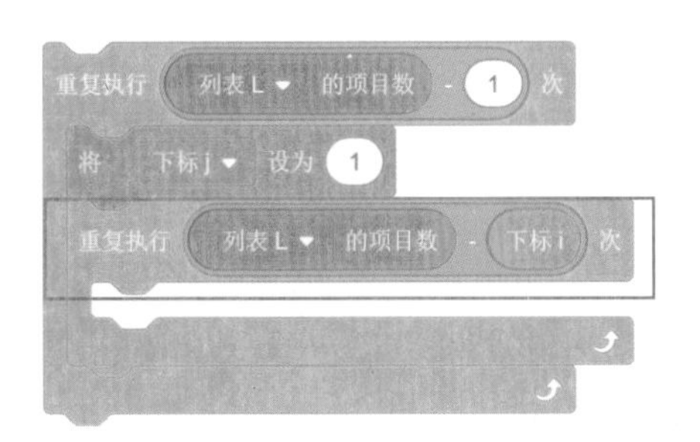

继续 →

步骤4：比较互换。

（1）如果当前项L[j]大于L[j+1]，那么把这两项的值相互交换。

（2）交换的过程通过变量临时值n过渡。

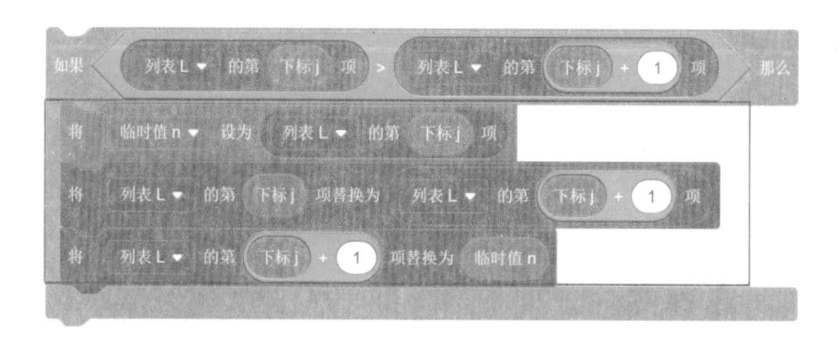

步骤5：下一次内循环迭代。

进入下一次的循环，j=j+1。

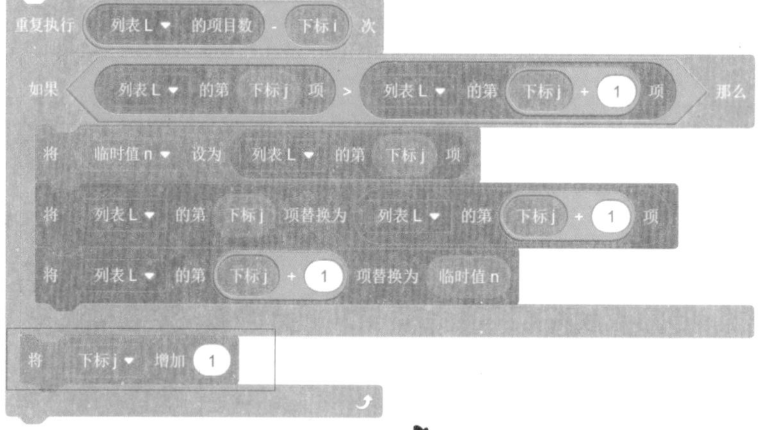

继续 →

步骤6：进入下一次外循环迭代。

进入下一趟的排序，i=i+1

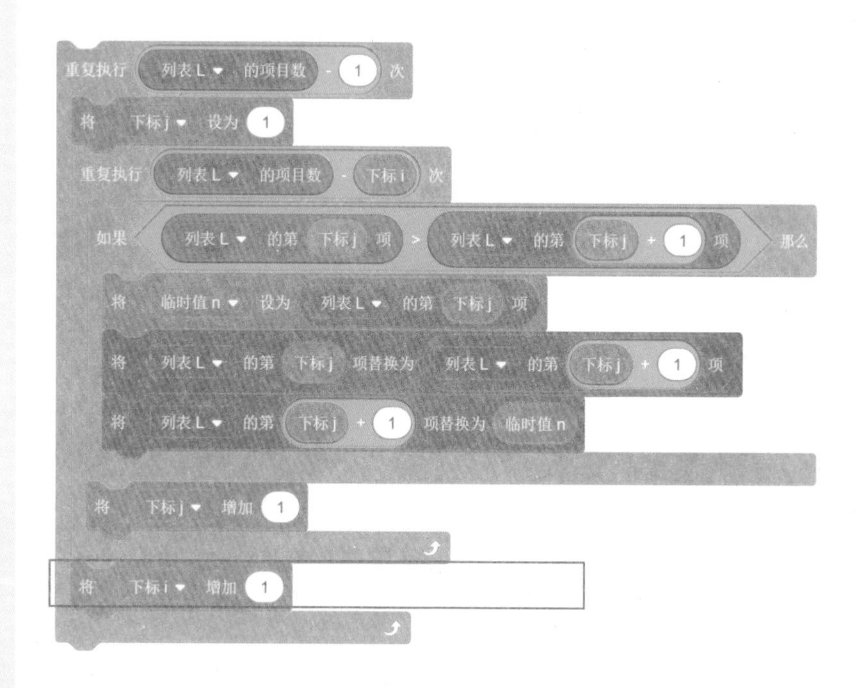

步骤7：完整积木代码。

最终，实现的积木代码如下图，看看你做出来是不是这样的。

继续 →

```
当 ⚑ 被点击
将 下标i ▼ 设为 1
将 下标j ▼ 增加 1
将 临时值n ▼ 设为 0
重复执行 (列表L ▼ 的项目数) - 1 次
    将 下标j ▼ 设为 1
    重复执行 (列表L ▼ 的项目数) - (下标i) 次
        如果 <(列表L ▼ 的第 (下标j) 项) > (列表L ▼ 的第 ((下标j) + 1) 项)> 那么
            将 临时值n ▼ 设为 (列表L ▼ 的第 (下标j) 项)
            将 列表L ▼ 的第 (下标j) 项替换为 (列表L ▼ 的第 ((下标j) + 1) 项)
            将 列表L ▼ 的第 ((下标j) + 1) 项替换为 (临时值n)
        将 下标j ▼ 增加 1
    将 下标i ▼ 增加 1
```

运行与调试

完成了上述步骤，运行效果到底如何呢？点击 ⚑ 运行一下，看看是否有问题？（可以多点击几次，看看有什么不同哦！）

如果没问题，恭喜你又学到了一个新的知识点，并且能在Scratch中正确运用；如果有问题，再看一下上面的内容，通过比对积木以及积木里的参数来调试，直到让自己满意。

如果调试有困难，可以添加老师的微信或者QQ获取帮助。

挑战自我

又到了春游的季节，吴老师组队带领大家去学校旁边的公园游玩，现在需要排队上公车去郊游。吴老师要求学生们按照身高（从高到低）排好队，按顺序上车。

现在知道有5个同学参加，他们是：

姓名	小美	小琪	小明	小伟	小马
身高（米）	1.2	1.6	1.3	1.4	1.1

小提示：上一节的学习我们掌握了从低到高排序，现在只需变换成从高到低来排序。

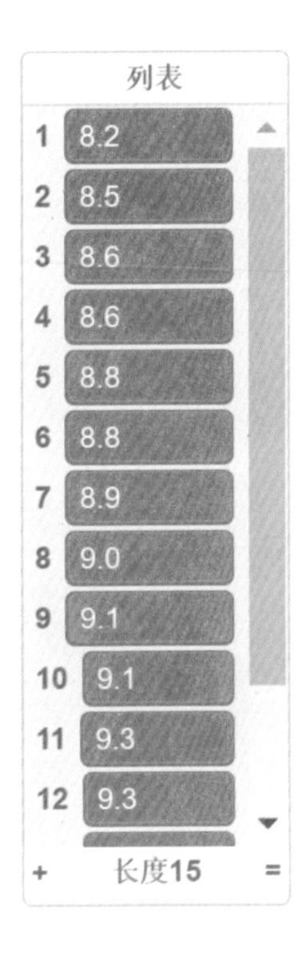

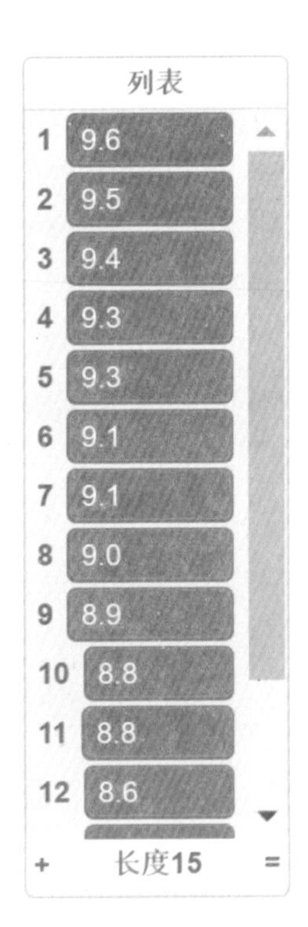

编程英语

英文	中文	英文	中文
champion	冠军	sort	排序
bus	公共汽车	compare	比较
		L[j] > L[j+1] ?	

知识宝箱

冒泡排序的基本思路：将序列中两个相邻的元素进行交换，较大的元素下沉，较小的元素上浮。所以冒泡排序是比较简单的，它的缺点是排序效率不高（如果一个列表中有n个数，那么需要比较n×（n-1）/2次，才能完成排序）。

排序算法有好多，其他排序算法如下表中：

名称	冒泡排序	简单选择排序	直接插入排序	希尔排序	堆排序	归并排序	快速排序
效率	慢	慢	慢	快	快	快	快

第七章

被录取了吗？

任何足够先进的技术都等同于魔术。

——亚瑟·克拉克

亚瑟·查理斯·克拉克（Arthur Charles Clarke）是20世纪享誉世界的英国科幻小说家。其科幻作品多以科学为依据，小说里的许多预测都已成现实。尤其是他对卫星通信的描写，与实际发展惊人的一致，地球同步卫星轨道因此命名为“克拉克轨道”。代表作《2001：太空漫游》于1968年被导演斯坦利·库布里克拍摄成同名电影。他所创立的克拉克奖，每年度会评选出终身成就奖、想象力服务社会奖及创新者奖三大奖项，以表彰世界上最卓越并最富创造力的思想家、科学家、作家、技术专家、商业领袖以及创新者。中国科幻小说作家刘慈欣被授予2018年度克拉克想象力服务社会奖，成为第一个荣获该奖项的中国人。

擦去吃完热干面留在嘴上的麻酱，申小吉冲到人群的最前面，等待放榜时刻。这是申小吉武汉游玩的第六天，他昨天参与的“武汉旅游知识竞赛”今天放榜，只要排名前818就能免费领取66包正宗热干面。申小吉目不转睛地寻找自己的名字，但是榜单上一下子公布了前1000名，眼睛都直了还是没找到。“太费劲了，是时候拿出真正的技术了。”他大喊了一声，“天灵灵地灵灵！”，就开始在记忆中搜寻叔叔申大利交给他的一种方法，隐约中，他记得当时的问题是快速找出学生的分数。叔叔当时是这么示范的：

序号	参赛证号	选手姓名	性别	身份证号	单选题得分	多选题得分	判断题得分	总成绩	是否进入决赛
80	2016148046	朱晓婷	女	45	35	12	26	73	否
81	2016148086	周秋蓉	女	45	40	12	21	73	否
82	2016148006	肖洒	女	43	41	10.5	21	72.5	否
83	2016148024	邓思乐	女	51	38	12.5	22	72.5	否
84	2016148077	王嘉强	男	44	38	10.5	24	72.5	否
85	2016148052	唐庆华	男	35	39	7	26	72	否
86	2016148021	王杨	女	21	38	12.5	21	71.5	否
87	2016148047	欧小龙	男	44	40	10.5	21	71.5	否
88	2016148072	刘梦菲	女	43	37	12.5	22	71.5	否
89	2016148120	唐丽萍	女	43	35	12.5	24	71.5	否
90	2016148029	甘心	男	44	37	10	24	71	否
91	2016148034	阮燕妹	女	44	39	11	21	71	否
92	2016148089	高玉舟	女	44	36	13	22	71	否
93	2016148105	何华权	男	51	38	8	25	71	否
94	2016148026	张小芳	女	42	36	12.5	22	70.5	否
95	2016148091	华英	女	42	40	9.5	21	70.5	否
96	2016148069	刘荣	女	43	37	12	21	70	否
97	2016148096	李芬	女	43	38	13	19	70	否
98	2016148111	叶芳琴	女	35	40	7	23	70	否
99	2016148063	刘萱	女	[illegible]	[illegible]	11.5	22	69.5	否

38%

仔细想想看，我们是不是会按下面的思路来：

（1）从上到下，依次来看榜单的每一行。

（2）看第1行，选手姓名不是“刘荣”，继续看下一行。

（3）看第2行，选手姓名不是“刘荣”，继续看下一行。

（4）一直这样一行行看……

（5）看到第96行，选手姓名是“刘荣”，终于找到了。

上面的查找过程就是把所有数据遍历比较，这样的查找叫作顺序查找法（也叫线性查找法）。顺序查找法是程序设计中最常用的算法之一，它简单易懂，是人们最熟悉的一种查找策略。按顺序由前往后（或由后往前）逐个查找数据集中的数据，如果找到目标数据，则返回其在数据集中的位置；否则就一直查找下去。如果到最后仍然没有找到目标数据，则查找不到目标数据。

如果把这些数据放到Scratch的列表中，使用顺序查找法，遍历列表中的数据项，就能找到我们想要的目标数据项，积木代码实现如下：

```
当 ⚑ 被点击
将 列表项i ▾ 设为 1
重复执行 (列表 ▾ 的项目数) 次
    如果 <(列表 ▾ 的第 (列表项i) 项) = 9.0> 那么
        说 (连接 找到了，是第 和 (列表项i))
        停止 这个脚本 ▾
    将 列表项i ▾ 增加 1
说 没找到
```

这里的关键就是遍历列表中的每一项，然后和目标值对比。

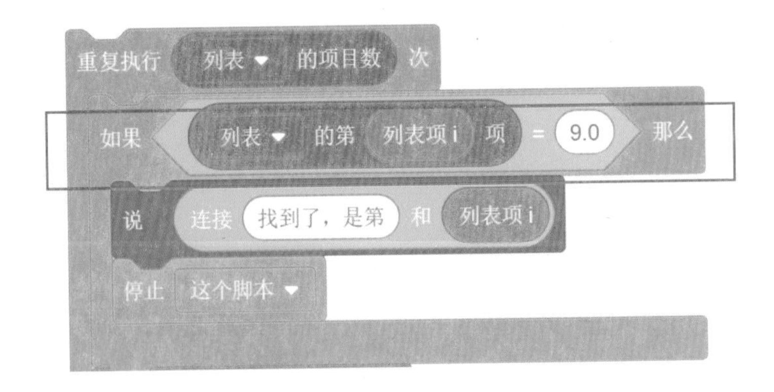

顺序查找是最简单也是最笨的查找方法，有没有更快的查找方法呢?在上面公布的榜单中，我们仔细看，学生们的成绩是已经排好名次的。对于这样的情况，我们很多时候不会从头到尾依次看下去，我们更多的时候是先从中间看。

这时，我们会按下面的思路来：

（1）先看榜单中间分数50分，刘荣分数是70分肯定排在前面。

（2）所以只需要看前半部分的排名。我们选取前半部分中间位置的分数再比较。

（3）这样一步步缩小查看的范围，最后就能在70分左右找到刘荣。

上面的查找过程每次先找中间位置比较，利用中间位置将列表分成前、后两个子列表，这样大大减少了查找的次数。这样的查找方法叫作二分查找法（也叫折半查找法）。二分查找法也是程序设计中最常用的算法之一，它的查找效率高，但前提是数据是事先排好序的。

图解二分查找法：

二分查找法的核心是每次从列表的中间位置开始。

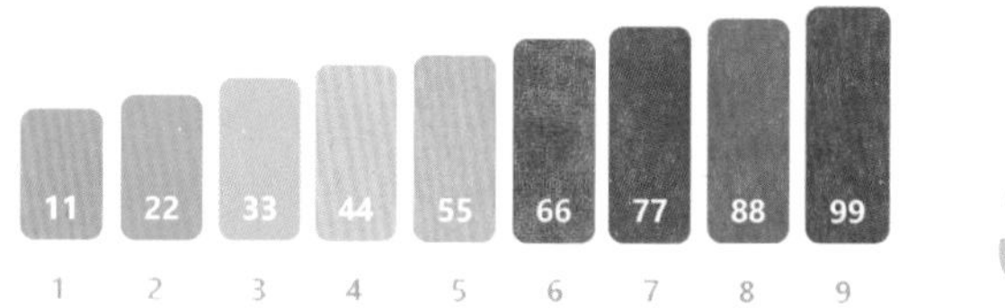

（1）假设有顺序排列好的9个数字11、22、33、44、55、66、77、88、99。使用二分查找法找到目标数字66是在第几个。

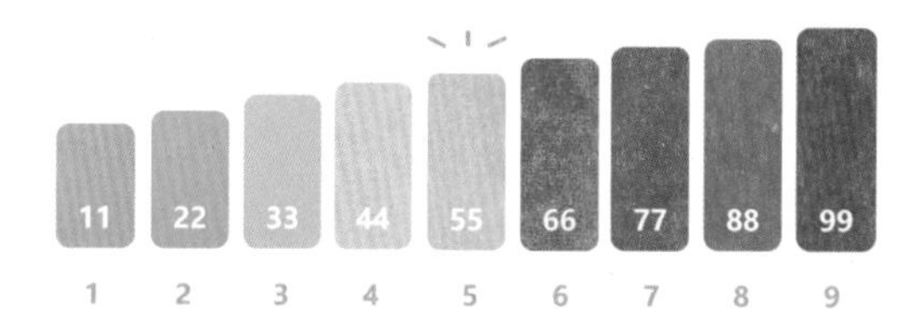

（2）首先，找到列表的中间位置是第5，此处的值是55。

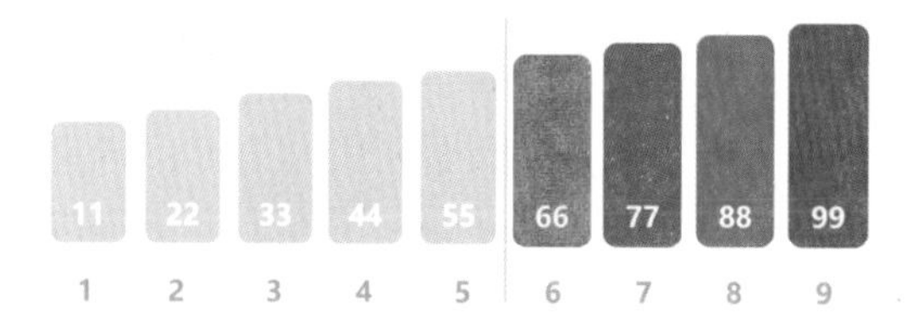

（3）将目标数字66与55比较，得知66肯定在55的右边。数字55左边的不需要再查找。

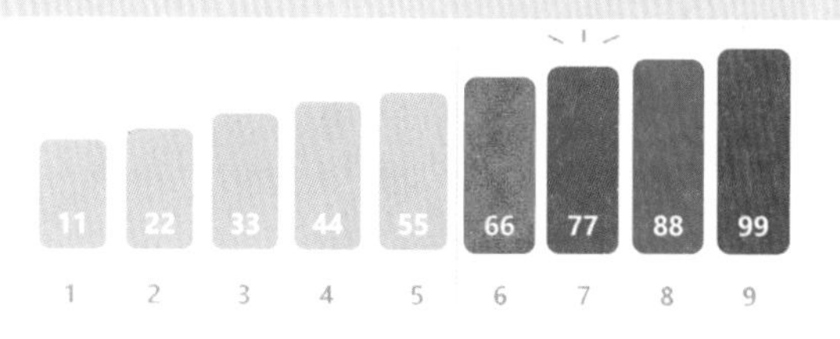

（4）新的查找范围是列表中数字55的右半边。找到剩余列表的中间位置是第7（第7、8都属于中间位置，我们取左侧），此处的值是77。

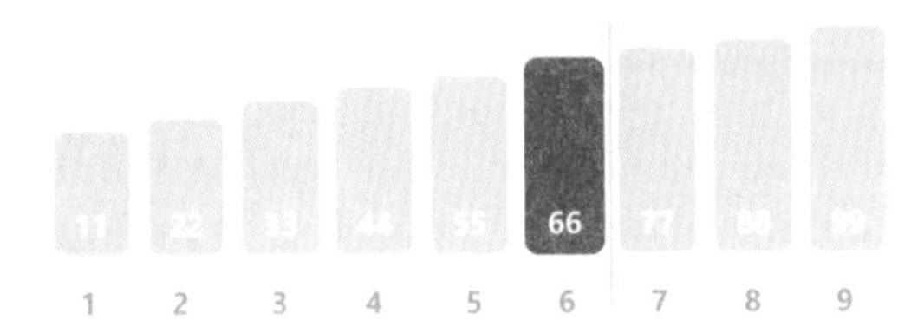

（5）将目标数字66与77比较，得知66肯定在77的左边。数字77右边的不需要再查找。

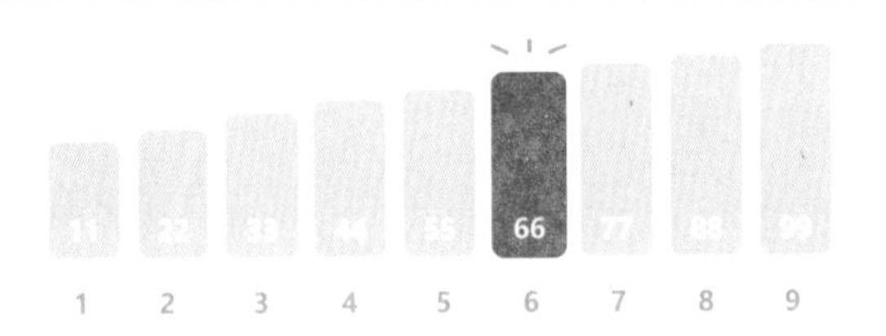

（6）新的查找范围是刚才剩余列表中数字77的左半边。找到待查找列表的中间位置是第6，此处的值是66。也就刚好找到了！

二分查找法是不是比顺序查找法快很多呢？上面图中颜色变灰色的数字都是直接忽略不需要跟目标值对比的，所以说二分查找法是很高效的查找方法。在上一章的特种兵比赛中申小吉取得了不错的成绩——9.0分，他想知道自己排在第几名，下面让我们在Scratch中使用二分查找法来帮助他快速查找吧！

思路流程图

分析思路：

上一节我们学习了通过二分查找法来寻找目标值，核心就是每次从列表的中间位置开始。我们可以按如下思路来：

（1）列表中导入分数。

（2）取列表的中间项与目标值对比。

（3）如果比目标值大，则再次从左侧的列表中寻找。

（4）如果比目标值小，则再次从右侧的列表中寻找。

（5）如果刚好等于目标值，则查找到。

最终实现效果如下图：

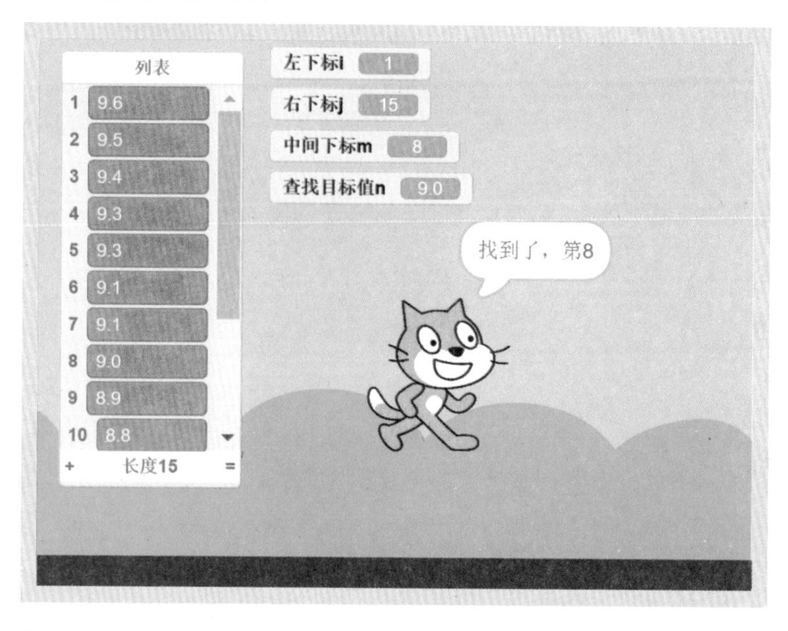

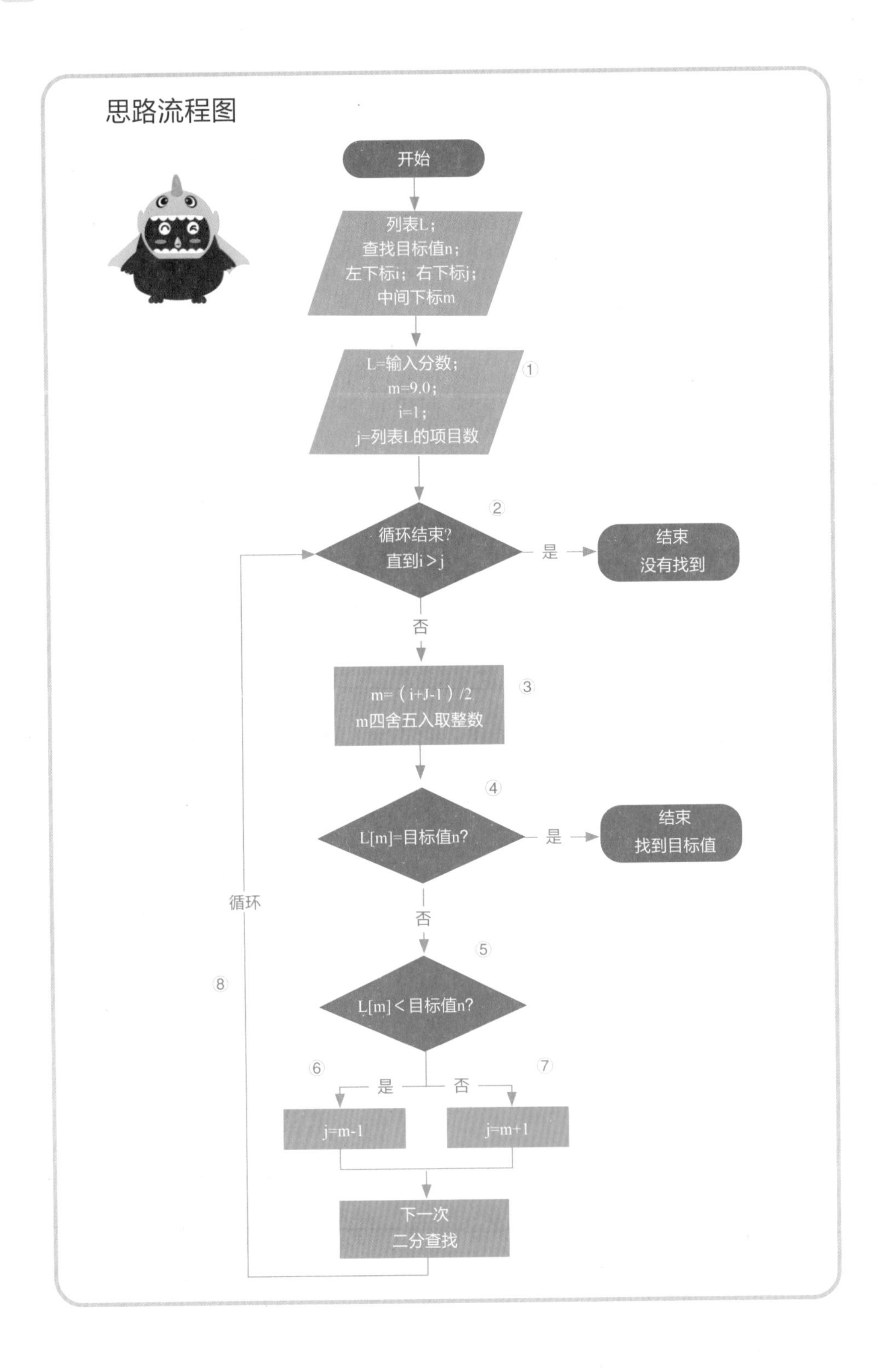
思路流程图
开始
列表L；
查找目标值n；
左下标i；右下标j；
中间下标m
L=输入分数；
m=9.0；
i=1；
j=列表L的项目数
①
②
循环结束?
直到i＞j
是
结束
没有找到
否
m=（i+J-1）/2
m四舍五入取整数
③
④
L[m]=目标值n?
是
结束
找到目标值
否
⑤
L[m]＜目标值n?
⑥
是
否
⑦
j=m-1
j=m+1
下一次
二分查找
循环
⑧

①新建列表L；查找目标值n；左下标i；右下标j；中间下标m。初始值设置，列表L中导入分数；左下标i = 1；右下标j = 列表L的项目数。

②开始进入列表的循环遍历，循环结束的条件是判断左下标i是否大于右下标j。遍历如果结束，代表最后所有的列表项中没有找到目标值。

③需要取出当前查找列表的中间项。中间下标m = (i+j-1) / 2，下标不能是小数，因此四舍五入。

④然后判断中间项L[m]与目标值n是否相等。如果相等，则找到。下标m就是我们找到的目标值n在列表L中的位置。

⑤不是目标值，那么接下来要判断目标值n是在列表的前半部分还是后部分了。

⑥如果L[m]小于目标值n，说明只需要查找列表的前半部分，而后半部分的下标范围是从i到m-1。因此需要把j重新设置为m-1。

⑦如果L[m]大于等于目标值n，说明只需要查找列表的后半部分，而后半部分的下标范围是从m+1到j。因此需要把i重新设置为m+1。

⑧这样下一次需要查找的列表范围就减半了。

编程大作战

制作过程

步骤1：初始化。

新建列表L；查找目标值n；左下标i；右下标j；中间下标m。需要设置初始值。

①列表中导入评委的评分。

②查找目标值n=9.0。

③初始查找范围是整个列表。因此左下标i=1，右下标j等于列表L的项目数。

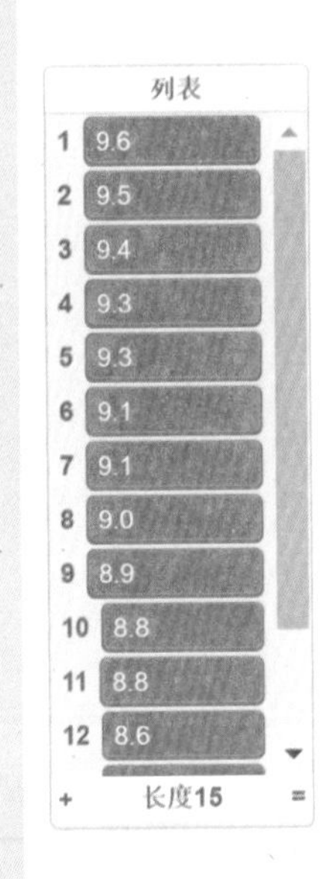

分数.txt - 记事本

文件(F) 编辑(E) 格式(O) 查看(V) 帮助(H)

```
9.6
9.5
9.4
9.3
9.3
9.1
9.1
9.0
8.9
8.8
8.8
8.6
8.6
8.5
8.2
```

Windows (C 第 1 行，第 100%

继续 →

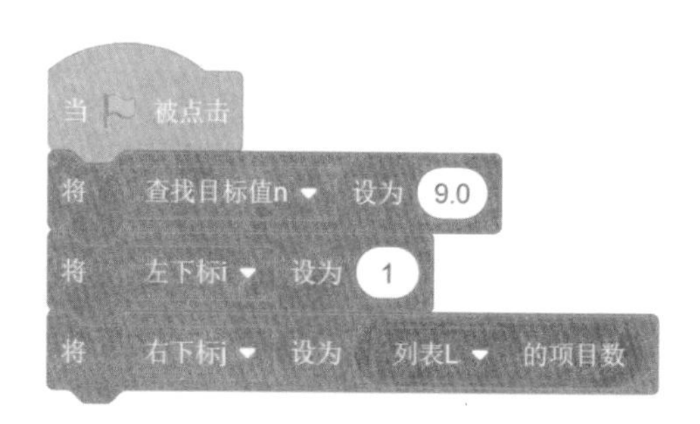

步骤2：循环遍历。

查找过程中循环结束的条件是判断左下标i是否大于右下标j。

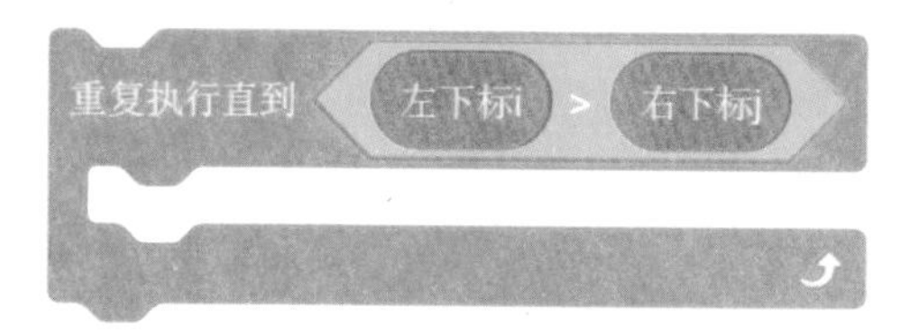

步骤3：取出中间项。

二分查找法的关键是取出当前查找列表的中间项。

（1）计算中间项的下标。

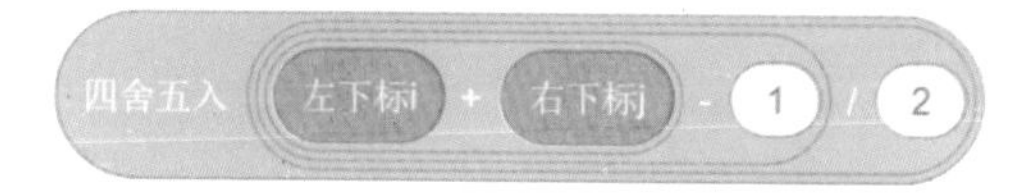

（2）将中间下标m重新赋值。

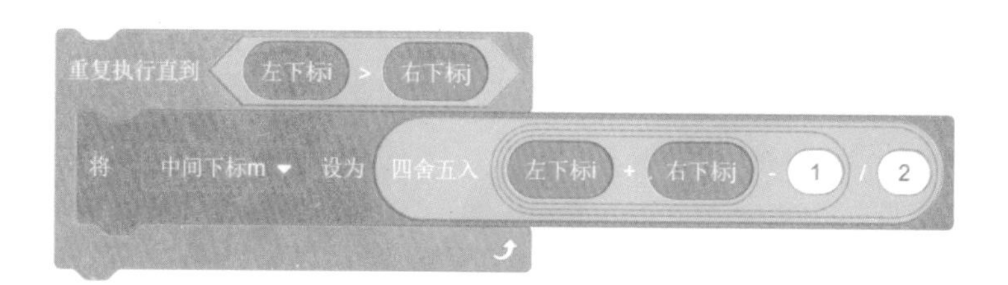

继续 ⟶

步骤4：判断目标值。

判断中间项L[m]与目标值n是否相等。

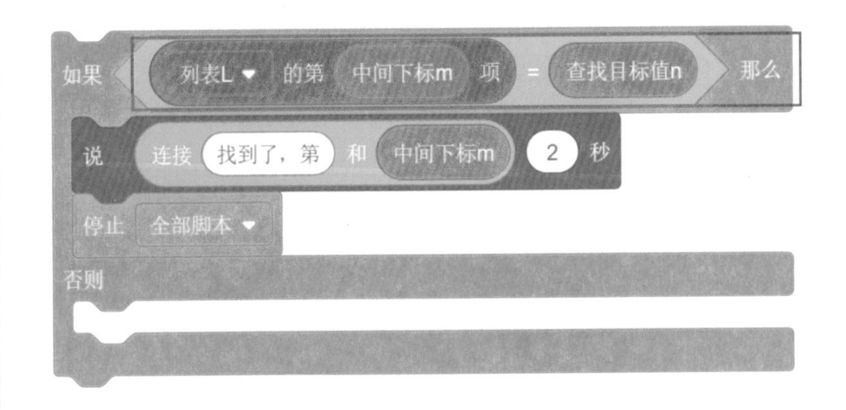

步骤5：查找前半部分。

如果L[m]小于目标值n，说明只需要查找列表的前半部分。

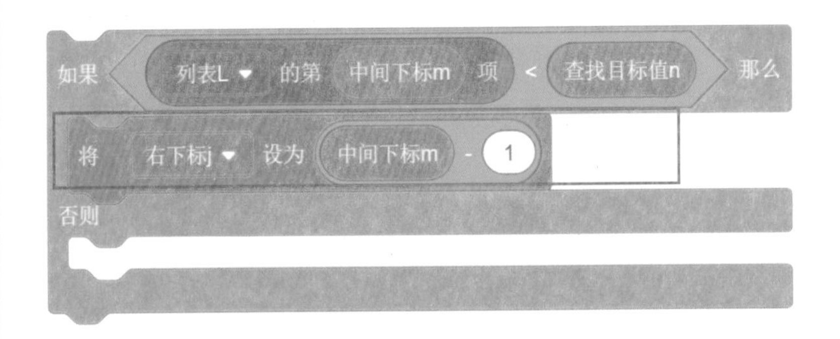

步骤6：查找后半部分。

如果L[m]大于等于目标值n，说明只需要查找列表的后半部分。

继续 →

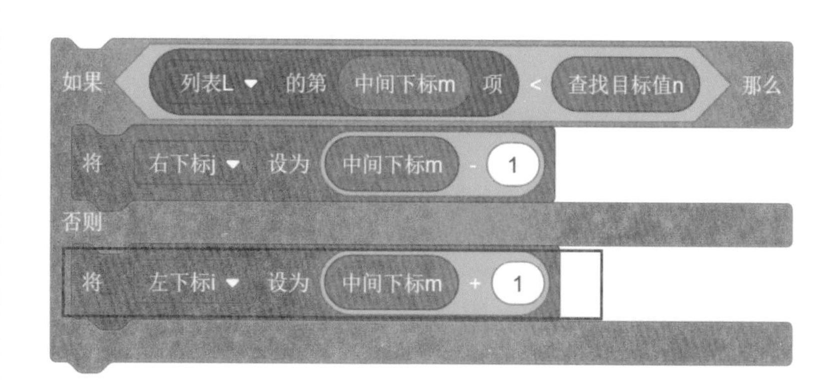

步骤7：进入下一次查找。

下一次查找的列表范围就减半了，再次进行二分查找。

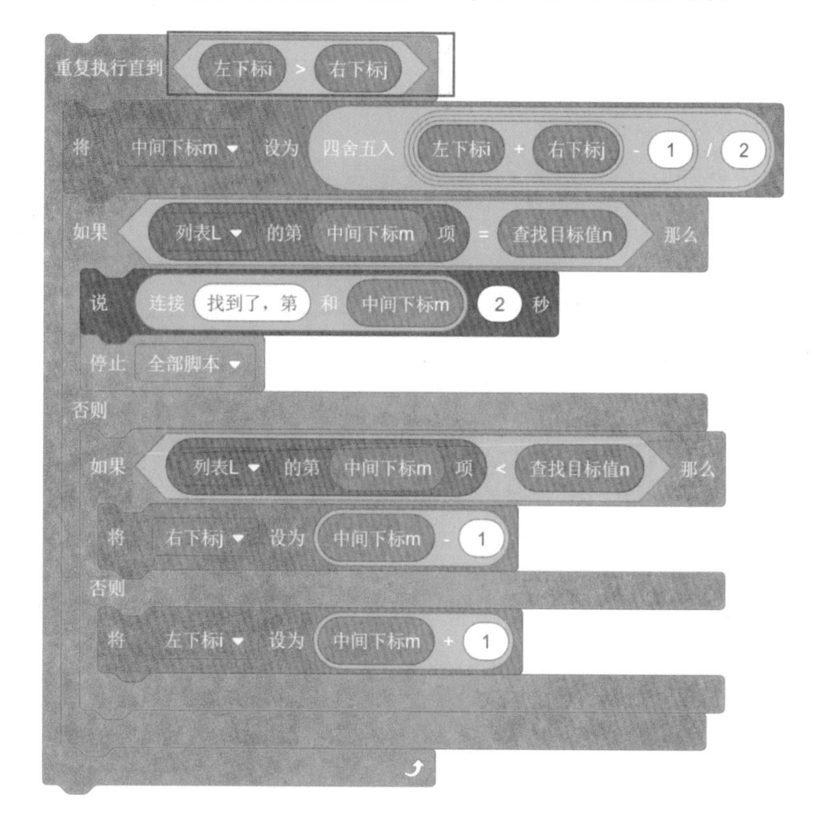

继续 →

步骤8：完整积木代码。

最终，实现的积木代码如下图，看看你做出来的是不是这样的。

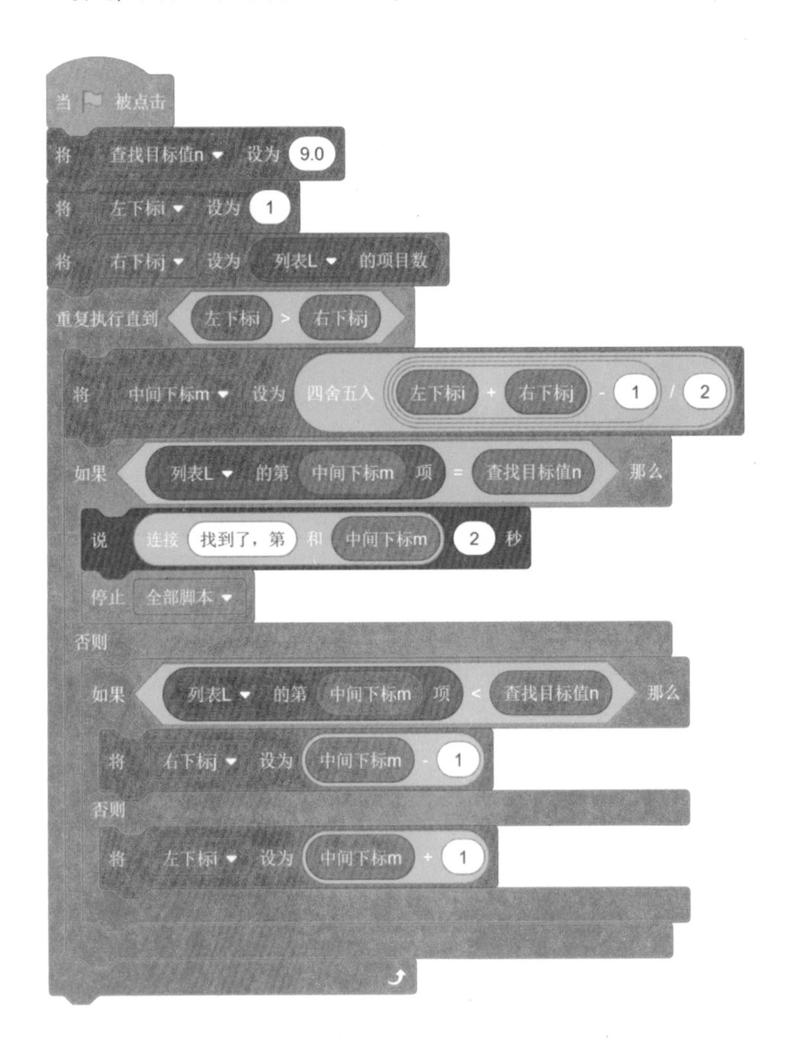

运行与调试

完成了上述步骤，运行效果到底如何呢？点击 ，运行一下，看看是否有问题。（可以多点击几次，看看有什么不同哦！）

如果没问题，恭喜你又学习到了一个新的知识点，并且在Scratch中正确地运用；如果有问题，再看一下上面的内容，通过比对积木以及积木里的参数来调试，直到让自己满意。

如果调试有困难，可以添加老师的微信或者QQ获取帮助。

挑战自我

细心的你应该发现了上面歌唱比赛中有些选手的排名应该是并列的（比如小美和小辉两个人都拿到了8.8分），那如果要让你找出所有得8.8分的人分别排在第几呢?

得分	9.6	9.5	9.4	9.3	9.3	9.1	9.1	9.0	8.8	8.8	8.6	9.6	8.5	8.2	8.0
排名	1	2	3	4	5	6	7	8	9	10	11	12	13	14	15

提示：因为要找多个，那就不要在查找的过程中一找到目标值就结束。

编程英语

英文	中文	英文	中文
score	得分	rank	排名
examination	考试		

知识宝箱

在生活中，查找是我们经常会遇到的问题，通过上一节的学习我们理解了查找算法中两个重要的方法，并且在Scratch中实践了查找效率更高的二分查找法。以后对于待查找的数据比较多的情况下优先选择使用二分查找法，当然如果查找数据并不是很多，为了方便我们快速实现积木代码功能，也可以直接使用顺序查找法。

我们来回顾一下顺序查找的特点：

（1）从头到尾遍历比较。

（2）数据无须提前排序。

（3）查找效率低。

二分查找法的特点：

（1）每次选取列表中间位置开始比较。

（2）每次比较之后能把查找范围缩小一半。

（3）数据需要提前排好序。

（4）查找效率高。

第八章

到俄罗斯滑雪

相信自己就对了，然后你将知道如何过这一生。

——约翰·冯·歌德

约翰·冯·歌德（Johann von Goethe，1749—1832），出生于德国法兰克福，世界著名思想家、作家、诗人、科学家，他是最伟大的德国作家之一，1774年发表了《少年维特之烦恼》，1831年完成的《浮士德》，更使他名声大噪。世人公认他是继但丁和莎士比亚之后西方精神文明最为卓越的代表。

鲜为人知的是，歌德还是一位自然科学家。在他的一生中，除了做官、写作、旅行、交友之外，还研究过植物形态学、解剖学、光学、矿物学、地质学，等等。他给后人留下的129卷著作，其中科学著作有13卷。

“滑雪真好玩！”申小吉气喘吁吁地带着滑雪时粘在身上的雪花回到了酒店。这时的申小吉身处滑雪胜地、冬奥会举办地之一的俄罗斯索契。刚一进酒店，申小吉就看见酒店桌子上放着的一种有趣的玩具——俄罗斯套娃。套娃是俄罗斯特产的木制玩具，一般由多个一样图案的空心木娃娃一个套一个组成，最多可达十多个，通常为圆柱形，底部平坦可以直立。这一套玩具精致且有趣，从大到小一层一层嵌套。申小吉爱不释手，一个一个地套，一个一个地拿。忽然，袖口上的一片雪花落在了桌子上，晶莹的六边形优雅而工整，像是六个花瓣组成的花朵。玩着俄罗斯套娃，申小吉突然想，如果像套娃一样，六个花瓣的每一瓣都是由一朵六小瓣雪花组成的，以此类推，那这个形状将是什么样的?

上面的例子是为了让我们更好地理解一个知识——递归。我们学过Scratch自定义积木（函数），自定义积木主要是把需要重复执行的积木块作为一个整体来执行。你肯定听过“从前有座山，山里有座庙，庙里有个老和尚讲故事”，下图就是实现老和尚不停讲故事的代码积木。

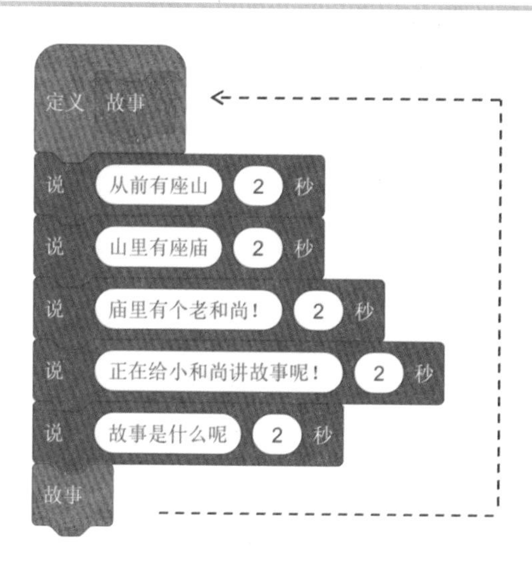

上面的过程就是递归，简单来说，就是一个自定义积木（函数）需要调用自己的某个步骤来完成某种功能。但是细心的你有没有发现一个很重要的问题：老和尚讲故事什么时候会停下来呢？他是不是要一直这么说下去？

我们需要清楚一点，递归在使用的时候，并不是一直调用自己的某个步骤，我们需要给它一个停下来的时机。就像打仗一样，要知道进攻的路线，但如果遇到突发状况也要能及时撤退。所以递归也一样，你需要给它一条前进路径，也要给它一条返回路径。所以在使用递归时，必须有一个明确的递归结束条件，称为递归出口。

我们都喜欢冬天，喜欢看漂亮的雪花从天上一片一片飘落。雪花的结晶体是美丽而又神秘的。它们在飘落的过程中成团地簇拥在一起，就形成了雪片。雪花的形状有六角形、八角形、十二角形，是很有规则的图形。下面让我们在Scratch中使用递归法来画出漂亮的雪花吧。

思路流程图

分析思路：

1. 若雪花是由一个六角形组成，如下图。先画出一个六角形，假设现在边长是L。

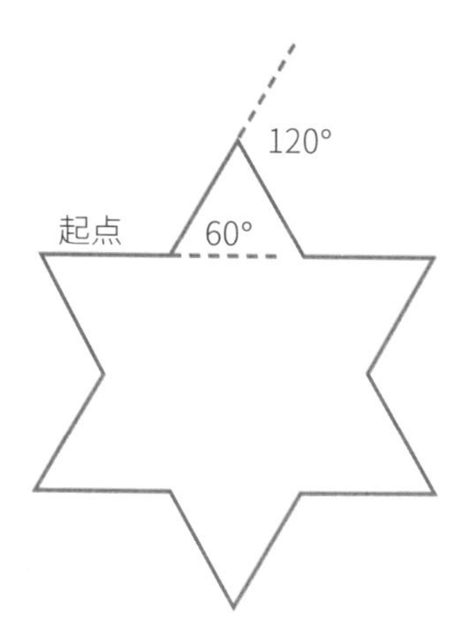

（1）选取一个起点，移动L步。

（2）这时需要向左边旋转60度，然后再移动L步。

（3）这时需要向右旋转120度。

（4）现在只需要把刚才的过程接着重复执行6次即可。

2. 若雪花是由很多片的六角形组成，如下图。我们需要在刚才画出的六角形的基础上，使用递归的方式画出更多的六角形。

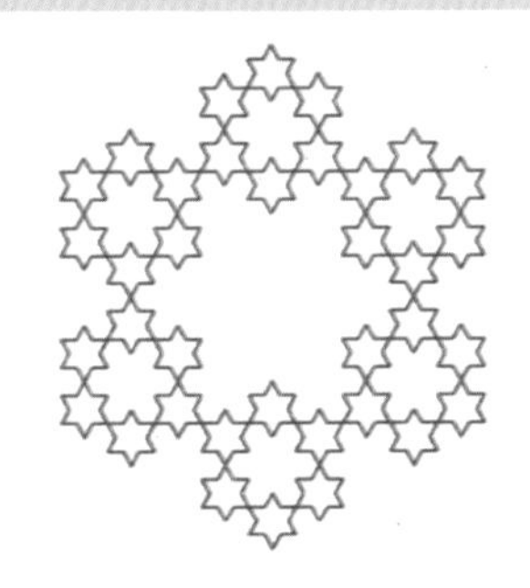

（1）以12条线段画出一个六角形。（上面的方法只能完成这一步）

（2）把第1步变成以每条线段的1/3作为边长，画出一个更小的六角形。并循环重复组成第1步大小的六边形。

（3）把第1步变成以每条线段的1/9作为边长，画出一个更小的六角形。并循环重复组成第2步大小的六边形，并循环重复组成第1步大小的六边形。

（4）按以上规则重复递归的过程，但是要限制递归什么时候结束。这里我们可以加入限制，如果边长小于10就结束。

最终实现效果如下图：

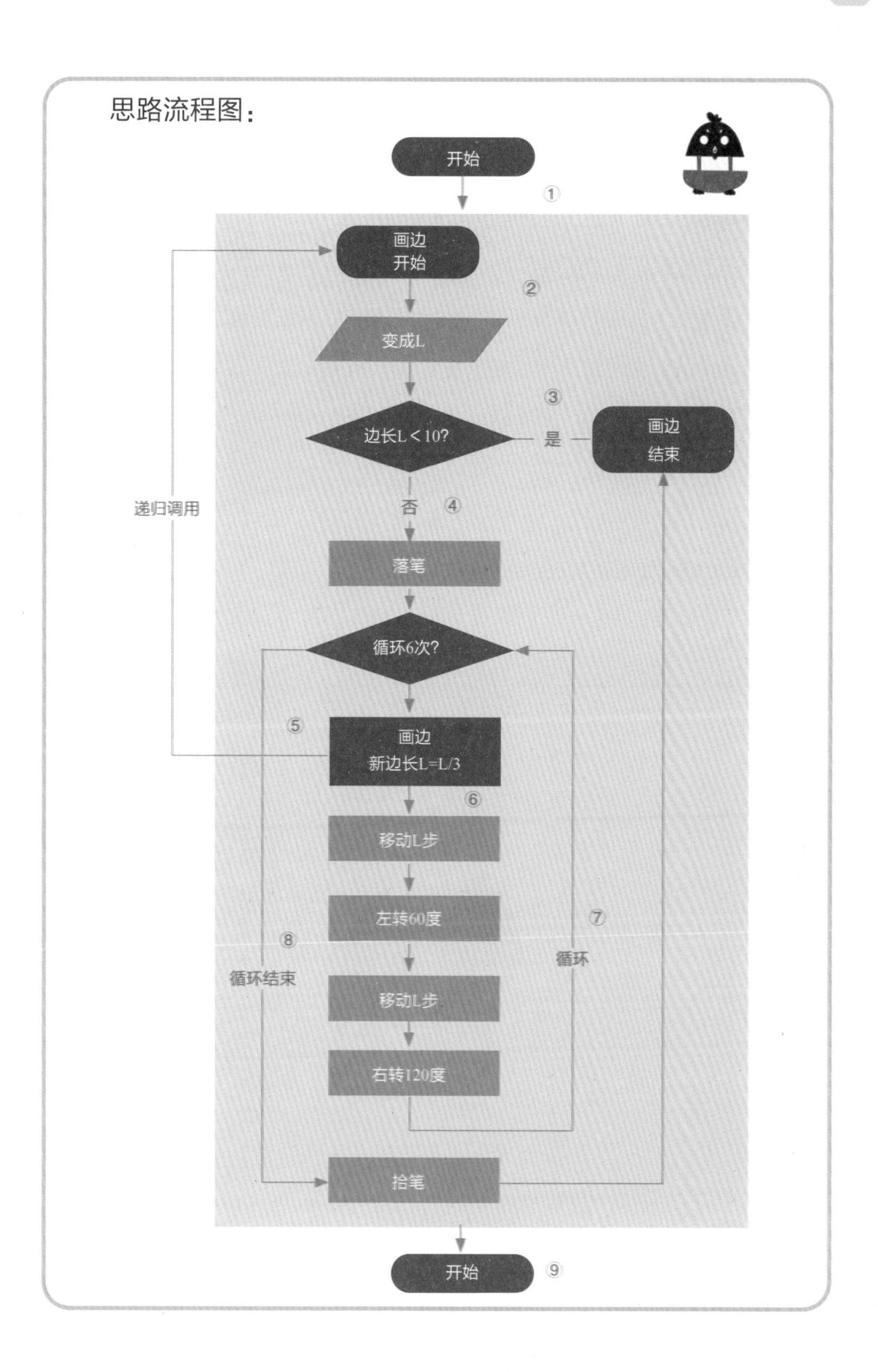
思路流程图：
开始
①
画边
开始
②
变成L
③
边长L＜10?
是
画边
结束
递归调用
否
④
落笔
循环6次?
⑤
画边
新边长L=L/3
⑥
移动L步
左转60度
⑦
⑧
循环
循环结束
移动L步
右转120度
抬笔
开始
⑨

①开始进入画图，定义一个画边的子模块F。

②画边子模块接受一个边长L的变量参数作为开始，标识为F/L）。

③如果边长L小于10，则画边过程结束。

④如果边长L大于或等于10，那么进入到画图模式。

⑤开始进入到循环递归画图模式，将边长L重新设置为当前的三分之一，进一步进入到画边子模块中，标识为F（L/3）。

⑥子模块F（L/3）执行完，回到当前画边模块F（L）中，继续画图，画出六边形的一个边。

⑦循环执行6次画图，画出一个完整的六边形。

⑧退出循环，画边过程结束。

⑨整个画图结束。

编程大作战

制作过程

步骤1：自制积木。

在自制积木分类中，点击“制作新的积木”。在弹框中输入“画边”（我们自定义的积木名字就叫作画边），点击“添加输入项”（代表我们制作的新积木有输入项）。最后在自制积木分类中我们会看到一个新积木 画边 ，并且在角色代码区会多一个 定义 画边 边长 。这个自定义的积木里面是空的，需要我们加入有执行逻辑的积木。

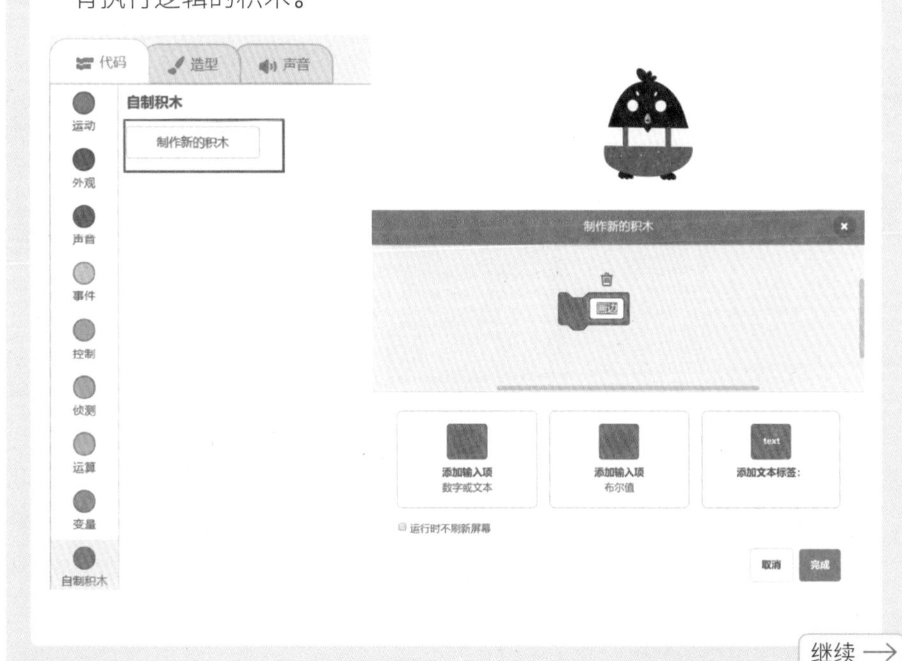

继续 →

步骤2：画六角形。

以12条线段画出一个六角形。

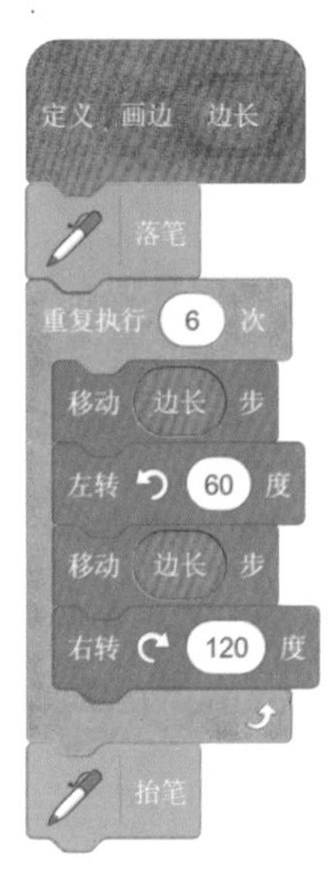

继续 →

步骤3：递归调用。

使用递归调用，把第1步变成以每条线段的1/3作为边长，画出一个更小的六角形。并循环重复组成第1步大小的六边形。

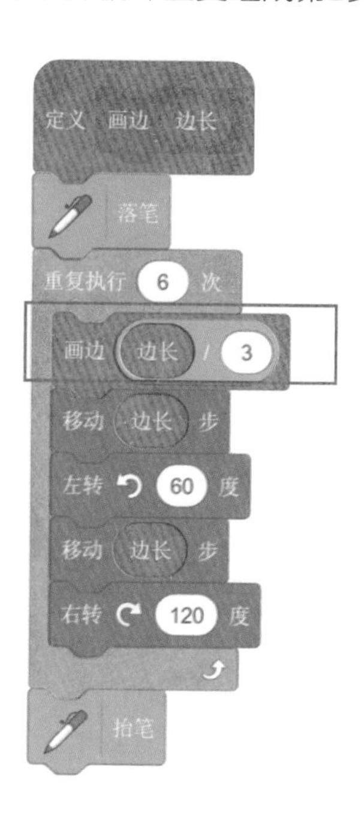

步骤4：退出递归。

限制递归执行，设置退出的条件。

继续 →

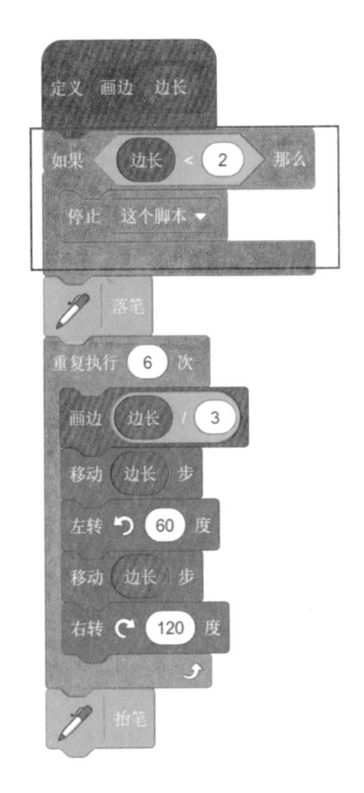

步骤5：开始绘图。

最后加入开始事件，调用我们新制作的画边积木。

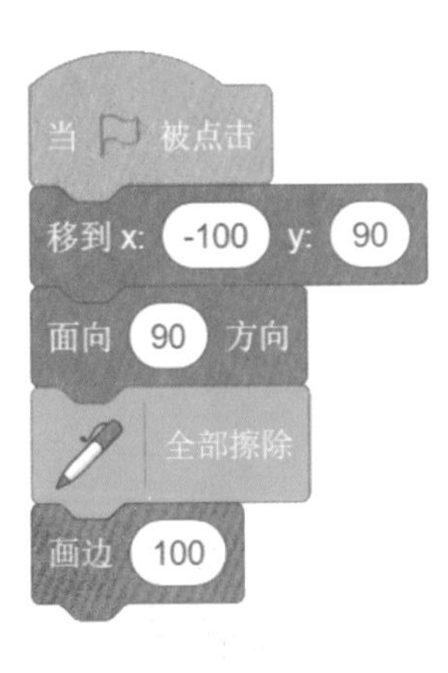

继续 →

步骤6：完整积木代码。

最终，实现的积木代码如下图，看看你做出来的是不是这样的。

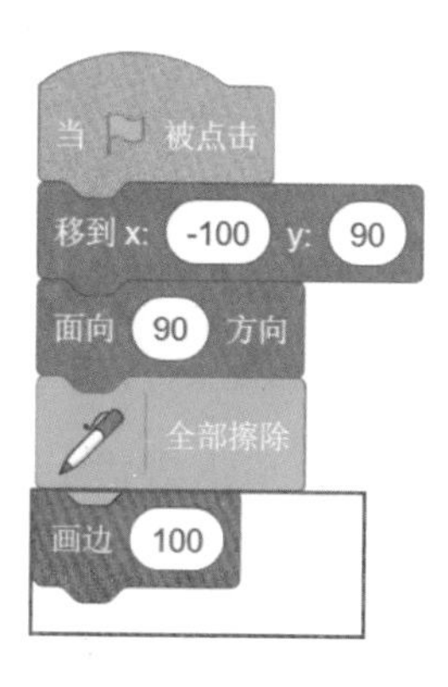

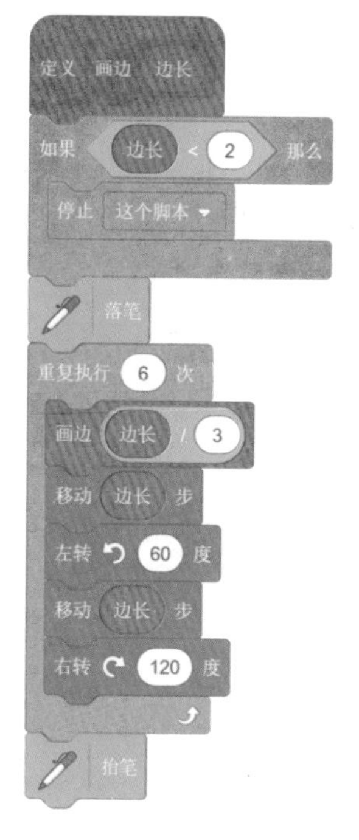

继续 →

运行与调试

完成了上述步骤，运行效果到底如何呢？点击 运行一下，看看是否有问题。（可以多点击几次，看看有什么不同哦！）

如果没问题，恭喜你又学到了一个新的知识点，并且能在Scratch中正确运用；如果有问题，再看一下上面的内容，通过比对积木以及积木里的参数来调试，直到让自己满意。

如果调试有困难，可以添加老师的微信或者QQ获取帮助。

挑战自我

1. 每片雪花都是不一样的，还有些雪花会有更多层次的六角形（如下图）。试试看，在刚才画出雪花的积木基础上做一些调整，让雪花更加丰富吧。

提示：只需要让递归执行更多（也就是再多画一次六角形）。

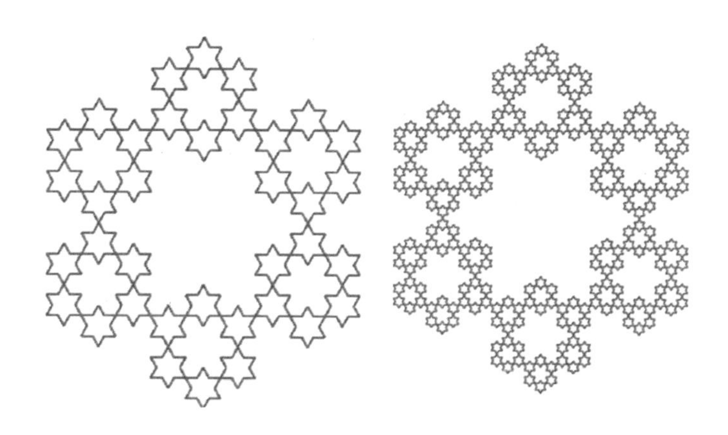

2. 法国数学家爱德华·卢卡斯曾编写过一个印度的古老传说：在世界中心贝拿勒斯（在印度北部）的圣庙里，一块黄铜板上插着三根宝石针。印度教的主神梵天在创造世界的时候，在其中一根针上从下到上地穿好了由大到小的64片金片，这就是所谓的汉诺塔。不论白天黑夜，总有一个僧侣在按照下面的法则移动这些金片，一次只移动一片，不管在哪根针上，小片必须在大片上面。僧侣们预言，当所有的金片都从梵天穿好的那根针上移到另一根针上时，世界将在一声霹雳中消灭，而梵塔、庙宇和众生也都将同归于尽。

后来，这个传说演变成了汉诺塔游戏。而这个游戏又成为人们学习递归算法的一个经典案例。有A、B、C三根相邻的柱子。A柱上有若干个大小不等的圆盘，大的在下，小的在上。要求把这些盘子从A柱移到C柱，中间可以借用B柱，但每次只许移动一个盘子，并且在移动的过程中，三根柱子上的盘子始终保持大盘在下，小盘在上。

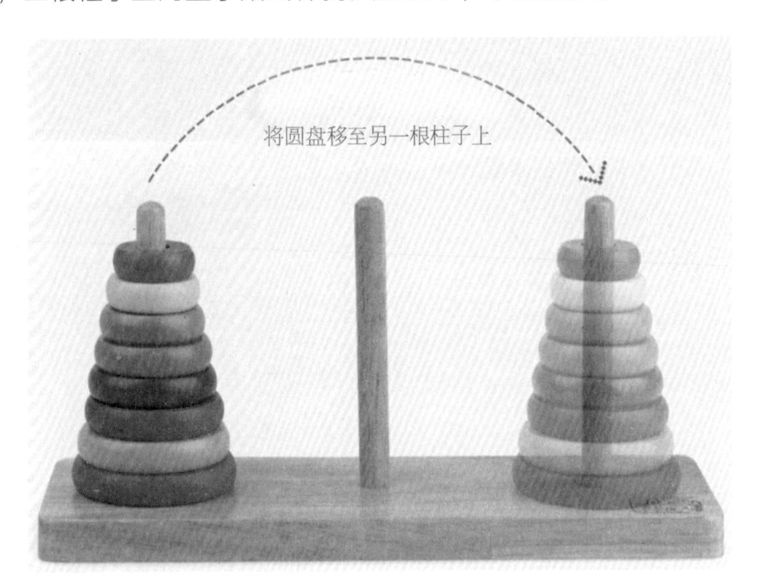

提示：移动的规律如下。

（1）把n-1个盘子由A移到B。

（2）把第n个盘子由A移到C。

（3）把n-1个盘子由B移到C。

编程英语

英文	中文	英文	中文
story	故事	winter	冬天
recursion	递归	snow	下雪

知识宝箱

递归把一个大的复杂的问题层层转换为一个小的和原问题相似的问题来求解，算法结构清晰，可读性强，容易理解。递归对于计算机来说，需要大量的计算和保存很多的中间临时数据，意味着效率低。

递归基本思路：

（1）递归就是方法里调用自身步骤。（或者叫函数中调用自身步骤）

（2）在使用递归策略时，必须有一个明确的递归结束条件，称为递归出口。

第九章

“小吉呀，你过来下！”

科学的伟大进步，来源于崭新与大胆的想象力。

——约翰·杜威

约翰·杜威（John Dewey，1859—1952），美国著名哲学家、教育家、心理学家，实用主义的集大成者，也是机能主义心理学和现代教育学的创始人之一。杜威是20世纪上半叶美国最著名的学者之一，也是20世纪最伟大的教育改革者之一，2006年12月，美国知名杂志《大西洋月刊》将杜威评为“影响美国的100位人物”第40名。杜威曾到访中国，见证了五四运动并与孙中山会面，培养了包括胡适、冯友兰、陶行知等一批国学大师和学者。

“长沙的臭豆腐果然闻起来臭，吃起来香。”申小吉用一口流利的长沙话对桌上的其他老师说，“长沙真是个好地方啊，哈哈。”申小吉又潇洒地夹了一筷子剁椒鱼头。这已经是申小吉化身为长沙的一所信息技术学校老师的第79天了，当老师的感觉太不可思议了。以前都是当学生，听各种老师讲课，现在自己就是老师，自己跟学生讲课，角色180°大转换，文字表达不出，只可意会，不可言传……

这时候电话响了，是教务主任廖老师：“小吉呀，你过来下。”申小吉嘀咕：上午刚帮廖主任修过电脑，这次打电话过来，难道是又坏了。接电话后，申小吉才发现这次不是修电脑的事了，而是和自己的信息技术老师的头衔有关的。

原来，暑假过完新学期又要开学了，今年学校为了培养学生们更多的兴趣爱好，新增了一些课程（音乐、美术等）。但是因为学校老师不是很充足，所以每门课都有限制的课程时间（比如计算机上课时间只能是10:30到11:30）。学校决定在周一的上午尽可能多地安排一些课程来丰富学习，并把这件事交给了廖主任来处理，廖主任正为这事发愁呢！

申小吉把所有课程的上课时间安排罗列了出来：

课程名	美术	英语	语文	数学	编程	音乐	体育
上课时间	9:00	9:30	10:30	10:00	9:00	11:00	9:30
下课时间	10:00	11:00	11:30	11:00	9:30	12:00	10:00

为了上午能排上更多的课，怎么安排才是最好的呢？先上美术？还是先上英语呢？申小吉思考良久……

我们把所有的课程时间建立一个时间轴，如下图：

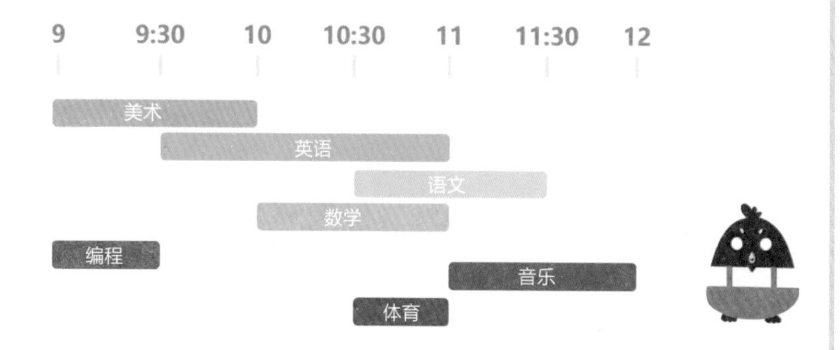

因为我们要安排尽量多的课程，每安排加入一个课程之后，当然希望下一个被安排的课程也能够成功安排进去，那么就要求上一个课程尽量早点结束。因为每次都选择结束时间最早的，所以留给后面的时间也就越多，自然就能排下更多的课了。

（1）首先，选择结束时间最早的课，便是要上的第一节课。

（2）接下来，选择第1节课结束后才开始的课，并且结束时间最早的课，这将是第2节上的课。

（3）重复这样做就能找出答案，选择策略如上，便是结束最早且和上一节课不冲突的课。

上面的过程中，每一节课的选择都是策略内的局部最优解（留给后面的时间最多），所以最终的结果也是最优解，这种决策的过程叫作贪心算法（也称作贪婪算法）。贪心算法在求解过程中，依据某种贪心标准，从问题的初始状态出发，直接去求每一步的最优解，通过若干次的贪心选择，最终得出整个问题的最优解。

图解贪心

我们知道了要安排尽量多的课程，在每一次挑选课程的阶段，需要用到贪心算法的决策，选择结束时间最早且和上一节课不冲突的课。

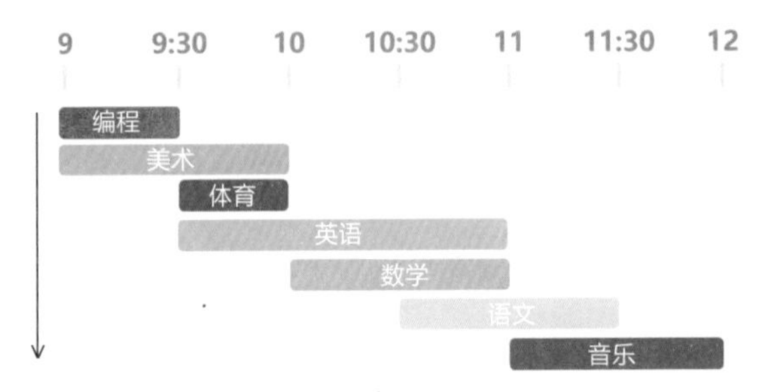

（1）将所有课程按上课结束时间排序，方便每次挑选出结束时间最早且和上一节课不冲突的课。

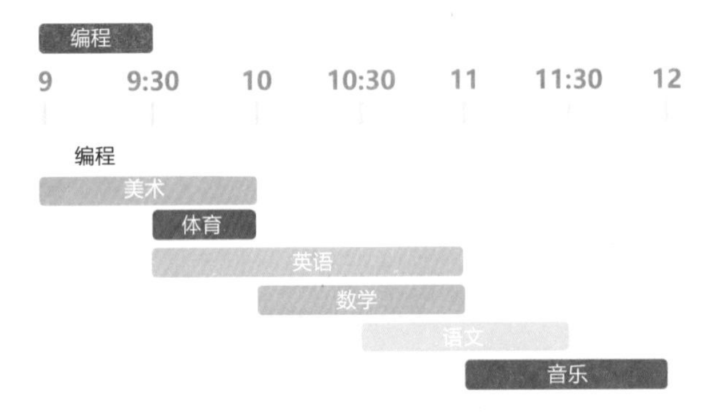

（2）第一次排课，挑选出课程中结束时间最早的课程“编程”。

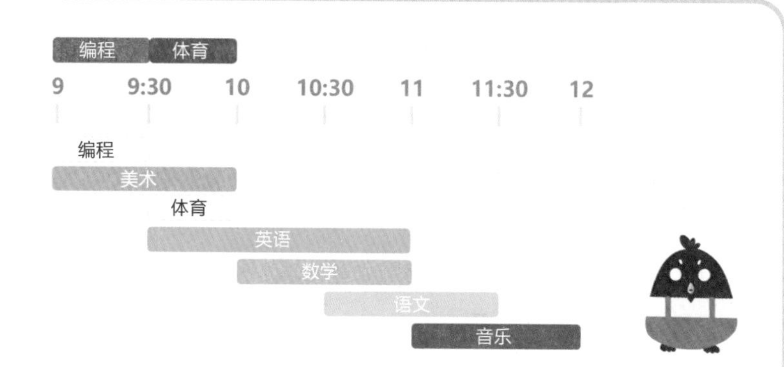

（3）第二次排课，挑选出剩余课程中结束时间最早且不与前一节课冲突的课程“体育”（这里“美术”与“编程”上课时间冲突）。

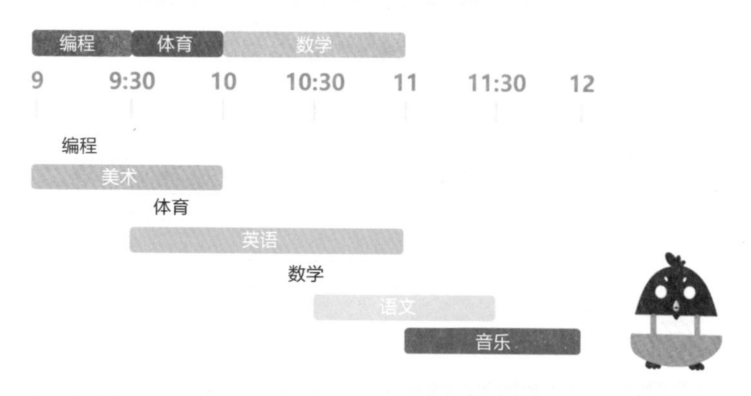

（4）第三次排课，挑选出剩余课程中结束时间最早且不与前一节课冲突的课程“数学”（这里“英语”与“体育”上课时间冲突）。

编程 体育 数学 音乐

9 9:30 10 10:30 11 11:30 12

编程

美术

体育

英语

数学

语文

音乐

（5）第四次排课，挑选出剩余课程中结束时间最早且不与前一节课冲突的课程“音乐”（这里“语文”与“数学”上课时间冲突）。

最后，你会发现我们竟然能够在上午安排4节课。下面让我们一起在Scratch中看看怎么用贪心算法来帮助申小吉合理地安排课程吧！

思路流程图

分析思路：

上一节我们通过学习知道了排课可以用贪心算法，算法的核心是每次选择结束时间最早且和上一节课不冲突的课。我们可以按如下思路：

（1）列表中导入课程和时间。

（2）遍历列表，依次取出当前项。

（3）如果满足贪心选择的策略，该怎么选课。

（4）如果不满足，遍历下一项。

最终实现效果如下图：

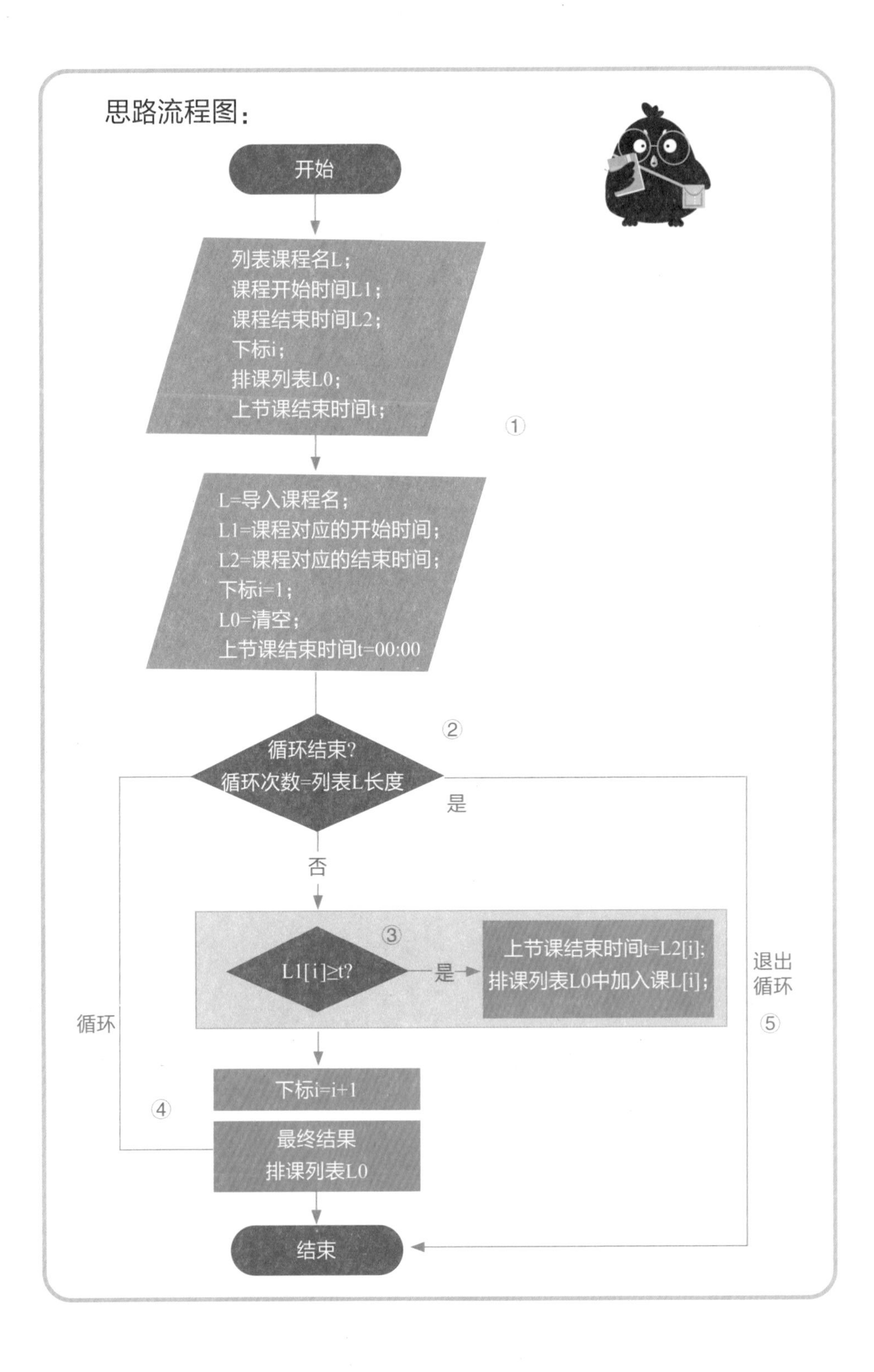
思路流程图：
开始
列表课程名L；
课程开始时间L1；
课程结束时间L2；
下标i；
排课列表L0；
上节课结束时间t；
①
L=导入课程名；
L1=课程对应的开始时间；
L2=课程对应的结束时间；
下标i=1；
L0=清空；
上节课结束时间t=00:00
②
循环结束?
循环次数=列表L长度
是
否
③
L1[i]≥t?
是
上节课结束时间t=L2[i];
排课列表L0中加入课L[i];
退出
循环
⑤
循环
下标i=i+1
④
最终结果
排课列表L0
结束

①新建课程名列表L；课程开始时间L1；课程结束时间L2；下标i；排课列表L0和选中的课程结束时间t。初始值设置，列表L、L1、L2分别导入课程和对应的开始结束时间；遍历列表从第一项开始，下标i=1；列表L0清空；最开始没有上节课结束时间t=00:00。

②开始进入列表的遍历，循环的次数等于列表的长度。如果循环结束则进入到步骤⑤；如果没结束，则进入到选课排课。

③列表遍历过程中，当前课程是L[i]，上课时间是L1[i]，下课时间是L2[i]。如果上课时间L1[i]小于上次选中课程的结束时间，说明上课时间有冲突，这样不能选择该课。所以如果L1[i]≥t，那么这节课就是贪心选择出来的最优的结果。然后重新把这节课的结束时间作为选中课的结束时间（即t=L2[i]），把选中的该课放入到排课列表L0中。

④列表遍历过程中，选课完成之后，i=i+1，进入下一次的循环遍历。

⑤列表遍历完之后，就得到了最后排课结果L0。

编程大作战

制作过程

步骤1：初始化。

新建列表课程名L、开始时间、结束时间；新建排课列表L0；新建变量下标i；选课结束时间。需要设置初始值。

（1）列表中导入课程名以及相应的开始时间、结束时间（按排序好的结束时间导入数据）。

（2）选课从第1项开始，因此i=1。

（3）排课列表清空。

（4）第1项没有选课，选课结束时间为00:00。

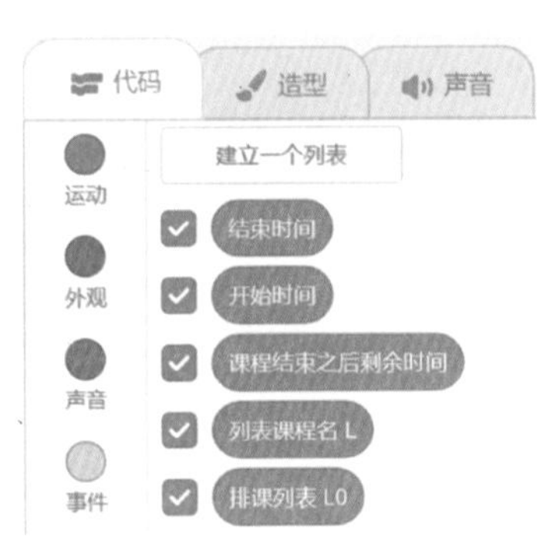

步骤2：循环遍历。

重复执行选课，循环次数为列表课程名L的长度。

继续 ⟶

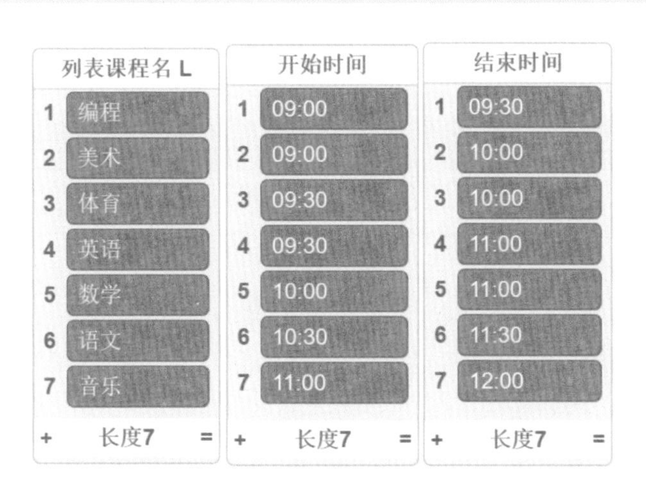

	列表课程名 L		开始时间		结束时间
1	编程	1	09:00	1	09:30
2	美术	2	09:00	2	10:00
3	体育	3	09:30	3	10:00
4	英语	4	09:30	4	11:00
5	数学	5	10:00	5	11:00
6	语文	6	10:30	6	11:30
7	音乐	7	11:00	7	12:00
+	长度7 =	+	长度7 =	+	长度7 =

步骤3：选课逻辑。

进入到选课环节，如果这节课的开始时间大于或者等于之前选课的结束时间，说明上课时间没有冲突。

（1）用到如下积木。

继续 ⟶

（2）大于或者等于。

步骤4：更新结束时间。

进入到选课环节，该课被选中了。所以重新把这节课的结束时间作为选课的结束时间，把选中的该课放入到排课列表L0中。

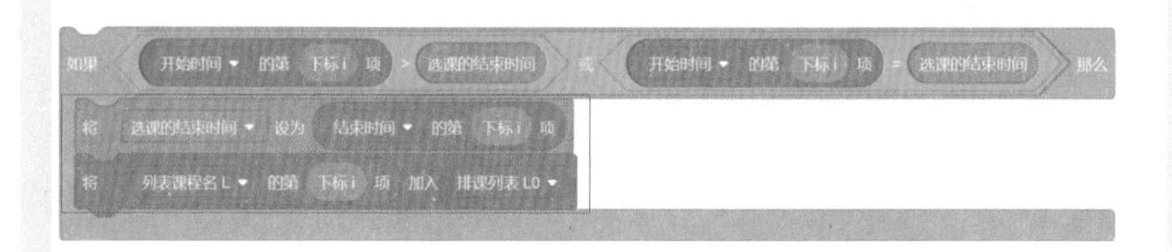

步骤5：下一次遍历。

选课完成之后，i=i+1，进入下一次的循环遍历。

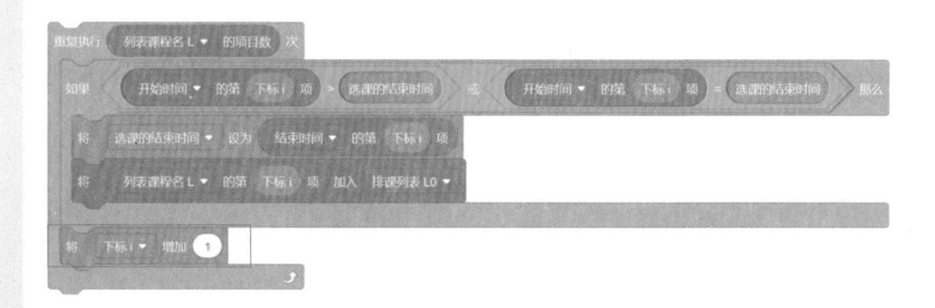

步骤6：完整积木代码。

最终，实现的积木代码如下图，看看你做出来的是不是这样的。

继续 ⟶

```
当 [绿旗] 被点击
将 选课的结束时间 ▾ 设为 00:00
将 下标 i ▾ 设为 1
删除 排课列表 L0 ▾ 的全部项目
重复执行 列表课程名 L ▾ 的项目数 次
    如果 < < 开始时间 ▾ 的第 下标 i 项 > 选课的结束时间 > 或 < 开始时间 ▾ 的第 下标 i 项 = 选课的结束时间 > > 那么
        将 选课的结束时间 ▾ 设为 结束时间 ▾ 的第 下标 i 项
        将 列表课程名 L ▾ 的第 下标 i 项 加入 排课列表 L0 ▾
    将 下标 i ▾ 增加 1
```

运行与调试

完成了上述步骤，运行效果到底如何呢？点击 运行一下，看看是否有问题。（可以多点击几次，看看有什么不同哦！）

如果没问题，恭喜你又学到了一个新的知识点，并且能在Scratch中正确地运用；如果有问题，再看一下上面的内容，通过比对积木以及积木里的参数来调试，直到让自己满意。

如果调试有困难，可以添加老师的微信或者QQ获取帮助。

挑战自我

今天风和日丽，吴老师带着班里的同学们一起去划船。旅游景区的船比较小，承重有限（最多承重120公斤，并且一条船最多坐2个人）。因为每条船是要收费的，不可能每个同学都单独坐一条船。用最少的船装载所有人，需要的费用就会最少。如何分配不同同学坐同一条船呢？使用刚才学习到的贪心算法帮帮吴老师吧！

现在知道的体重如下：

姓名	张伟	吴辉	李力	王清	张美	黄伟	马跳	马梅	李飞	石悦	王明	周飞	周虎	汪飞	王峰
体重（kg）	60	65	49	43	47	85	60	44	69	44	70	68	56	42	80
姓名	李四	王民	章京	张三	周粒	喻好	游鑫	周东	王朝	王萌	喻明	费庆	王庞	庞龙	王善
体重（kg）	85	87	54	63	49	76	84	81	69	48	51	65	66	88	56

提示：以石悦同学为例，要选择出跟她同坐一条船的人。使用贪心策略，应该选择能和她一起坐船的人中体重最重的一个。

编程英语

英文	中文	英文	中文
course	课程	time	时间
boat	船	weight	体重

数学	语文	音乐	语文
语文	数学	语文	音乐
英语	体育	数学	英语
体育	英语	音乐	数学

知识宝箱

贪心算法没有固定的算法框架，算法设计的关键是贪心策略的选择。必须注意的是，贪心算法不是对所有问题都能得到整体最优解，贪心策略适用的前提是局部最优策略能导致产生全局最优解。选择的贪心策略必须具备无后效性，即某个状态以后的过程不会影响以前的状态，只与当前状态有关。

贪心算法基本思路：

（1）把求解的问题分解成若干个子问题。

（2）对每一个子问题求解，得到子问题的局部最优解。

（3）把子问题的最优解组合起来，成为原问题的最优解。

第十章

哎呦不错哦

程序员的问题是你无法预料他在做什么，直到为时已晚。

——西摩·克雷

西摩·克雷（Seymour Cray，1925—1996），美国科学家，1958年设计建造了世界上第一台基于晶体管的超级计算机，是高性能计算机领域中最重要的人物之一。时至21世纪初，全世界400多台超级计算机中，有220台出自克雷公司。美国国防部称他为“美国民族的智多星”。超级计算机被誉为“计算机皇冠上最璀璨的明珠”，其研制水平往往是一个国家科技水平的标志。中国在超级计算机方面已经跃升到国际先进水平，2016年世界超级计算机500强榜单中，中国的“神威·太湖之光”和“天河二号”超级计算机位居世界第一名、第二名。

“Action！”导演一声令下，道具组将聚光灯打在申小吉脸上。申小吉心脏扑通扑通跳，果然客串当演员既刺激又好玩。这是他在浙江横店影视城游玩的第一天。最近，国家鼓励科技创新，一系列纪念中国古代科学家的电影大受观众欢迎，票房火爆。《穿越者祖冲之》这部电影也将在近日开机。很多电影都是让现代人穿越回古代，和古代科学家对话，这部《穿越者祖冲之》反其道而行之，让祖冲之穿越到现代的小学课堂，在最后一排当一个穿着古装的插班生。今天要拍的这一幕就是申小吉客串一回数学老师，在课堂上讲解自己用Scratch计算圆周率。申小吉看着演练了七七四十九遍的台词，深吸一口气，开始了自己首部电影的拍摄。

你知道车子为什么能跑这么快吗？因为轮子的发明，车轮大大减小了与地面的摩擦力，给人们的生产和生活带来了极大的方便。随着轮子的普遍使用，人们自然而然地就想到这样一个问题：一个轮子转一圈可以走多远？

轮子直径越大，车轮走一圈，往前移动的距离越长，那么移动的距离与轮子的直径之间有什么关系呢？我们知道圆的周长与直径的比值叫作圆周率 π，圆周率的计算有着非常悠久的历史。而在我国，现存的圆周率的最早记载是2000多年前的《周髀算经》。

公元前3世纪，古希腊数学家阿基米德研究发现：当一个正多边形的边数增加时，它的形状就越来越接近圆。这一发现为计算圆周率提供了新途径。阿基米德采用圆内接正多边形和圆外切正多边形两个方向上同时逐步接近圆，经过不懈的努力，获得了圆周率的值介于223/71和22/7之间的结论。

在我国，首先是由魏晋时期杰出的数学家刘徽得出了较精确的圆周率的值。他采用“割圆术”一直算到圆内接正192边形，得到圆周率的值是3.14。刘徽的方法是用圆的内接正多边形这个方向逐步接近圆的。

大家更为熟悉的是我国著名数学家祖冲之所做出的杰出贡献！1500多年前，南北朝时期的祖冲之计算出圆周率π的值在3.1415926和3.1415927之间，并且得出了两个用分数表示的近似值：约率为22/7，密率为355/113。祖冲之的这一成就，领先了西方约1000年。

随着科学的不断发展，求圆周率的方法也不断更新。近代以来，很多数学家都进行了深入研究，并取得了不同程度的成果。特别是电子计算机的问世给科学带来了革命性改变，圆周率π的小数点后面的精确数字越来越多。2000年，某研究小组使用最先进的计算机，将圆周率计算到了小数点后12411亿位。

现在我们已经学习了Scratch，也算是学习了最先进的计算机。来一起看看用Scratch怎么计算出圆周率吧！刚好利用计算机先进高速的计算能力，我们将使用一种特别方法来推算出圆周率——统计模拟法。

早在17世纪，人们就知道用事件发生的“频率”来决定事件的“概率”。比如经常说的抛硬币猜正反面，我们知道有50%的概率是正面。那我们是怎么知道是有50%的概率呢？那是根据统计得出来的。比如我们抛100次，有近50次是正面，正面次数占比近似50%；抛的次数越多，统计之后越接近50%。

统计模拟法（又称作蒙特卡洛方法），是一种随机模拟方法，是以概率和统计理论方法为基础的一种计算方法。是使用随机数来解决很多计算问题的方法。将所求解的问题同一定概率的模型相关联，用计算机实现统计模拟或抽样，以获得问题的近似解，模拟次数越多或者抽样越多，结果越准确。那么用统计模拟法怎么推算出圆周率呢？

思路流程图

分析思路：

假设在正方形内部有一个相切的圆。

（1）圆面积=πR^2（圆周率乘以半径的平方）。

（2）正方形面积=（2R）^{2}=$4R^2$（边长的平方）。

（3）在这个正方形内随机产生1个点，假设点落在圆内的概率为P，那么概率=圆面积/正方形面积，则$P=\pi/4$。所以圆周率$\pi=4P$。

现在我们知道只要计算出落在圆内的概率P，也就知道了圆周率。如何计算点落在圆内的概率P？这里就刚好用到了统计模拟法。

（1）正方形内随机产生m个点。

（2）用n表示落到圆内的点数。

（3）则落在圆内的概率$P=n/m$，所以圆周率$\pi=4n/m$。

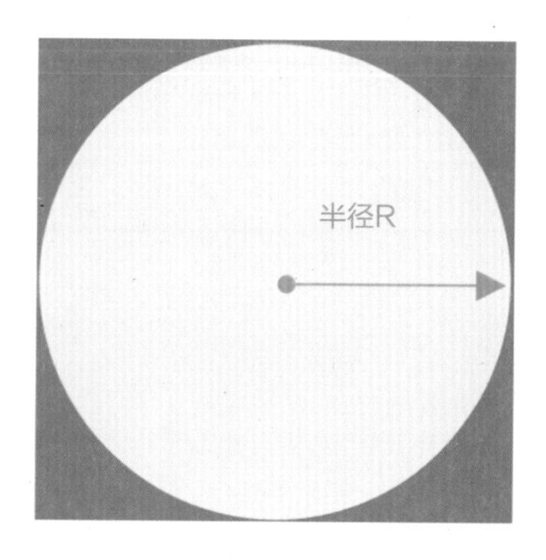

最终实现效果如下图：

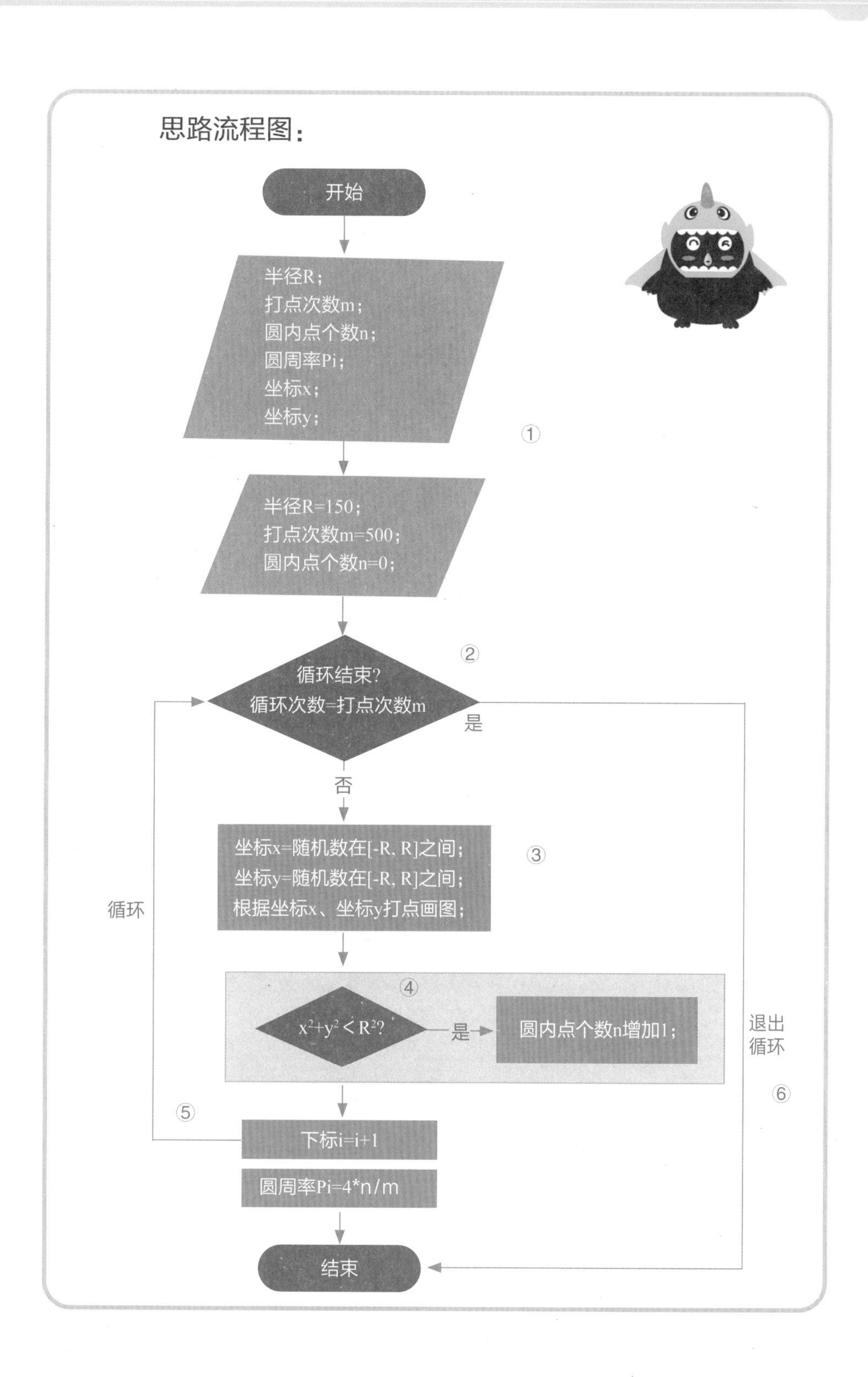
思路流程图：
开始
半径R；
打点次数m；
圆内点个数n；
圆周率Pi；
坐标x；
坐标y；
①
半径R=150；
打点次数m=500；
圆内点个数n=0；
②
循环结束?
循环次数=打点次数m
是
否
坐标x=随机数在[-R, R]之间；
坐标y=随机数在[-R, R]之间；
根据坐标x、坐标y打点画图；
③
循环
④
x²+y² < R²?
是
圆内点个数n增加1；
退出
循环
⑤
⑥
下标i=i+1
圆周率Pi=4*n/m
结束

①新建变量半径R；打点次数m；圆内点个数n；圆周率Pi；坐标x；坐标y。初始值设置，需要先在背景图片中画一个半径为150的圆，一个正方形刚好包住圆；半径R = 150；打点次数m = 500；圆内点个数n = 0。

②开始进入循环打点，循环次数等于打点次数m。如果循环次数达到了打点次数m，则执行第⑥步；如果未达到，则继续打点。

③循环打点过程中，在范围-R到R之间随机画出坐标x和坐标y，然后根据x、y坐标画图画出这个随机的点。

④循环打点过程中，随机点已经画完了，通过公式$x^2+y^2<R^2$可以判断该点是否在圆内，如果在圆内，统计圆内点个数n增加1。

⑤循环打点过程中，打点判断完成之后，i=i+1，进入下一次的循环。

⑥循环打点结束，即可计算出圆周率Pi= 4 × n / m。

编程大作战

制作过程

步骤1：初始化。

新建变量如下。需要设置初始值。

①打点次数m=500，圆内点个数n=0，半径R=150。

②画图全部擦除。

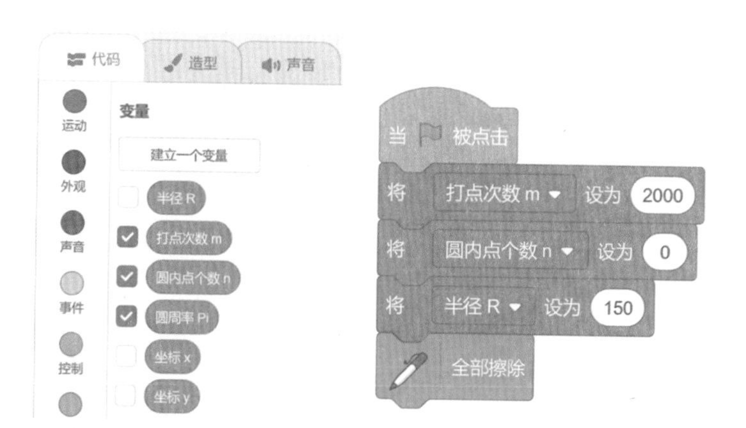

步骤2：画背景。

画背景，一个半径为150的圆，一个正方形刚好包住圆。

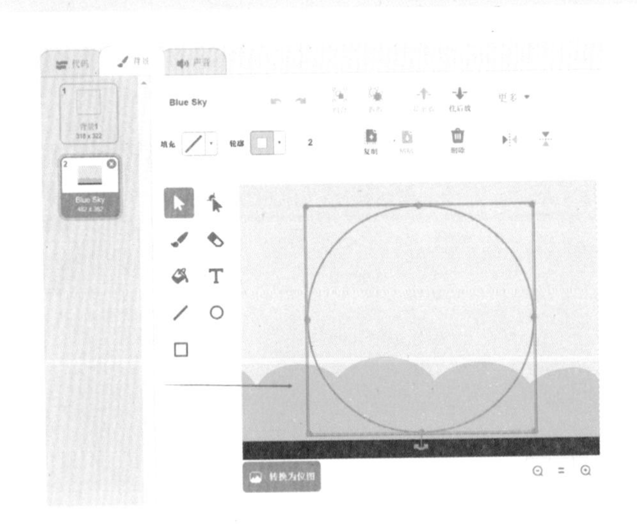

步骤3：自制积木。

（1）画点积木，包括两个输入项（x坐标，y坐标）。

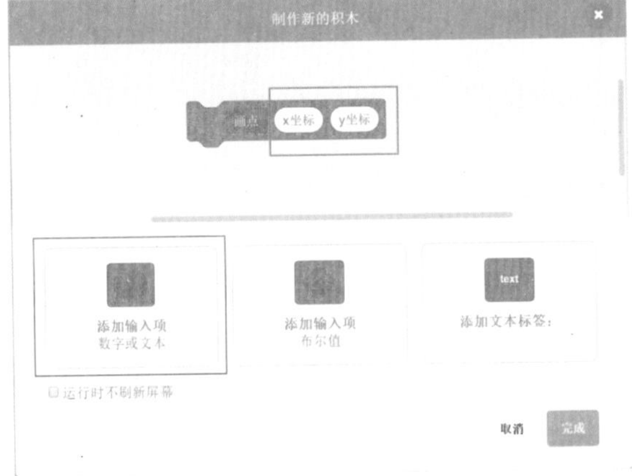

继续 →

（2）画点只需要移动1步。

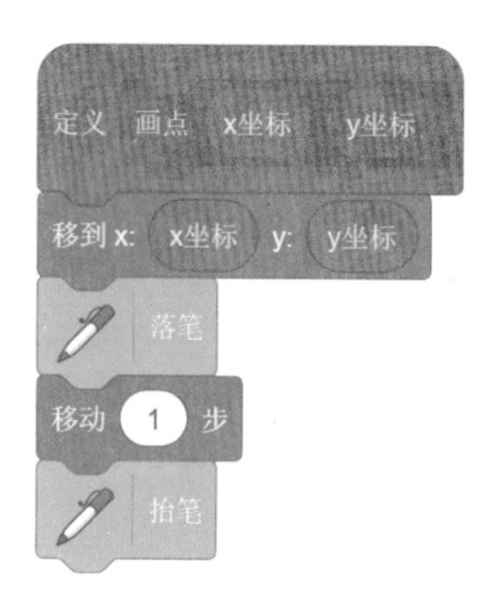

步骤4：循环遍历。

循环打点，循环次数为打点次数m。

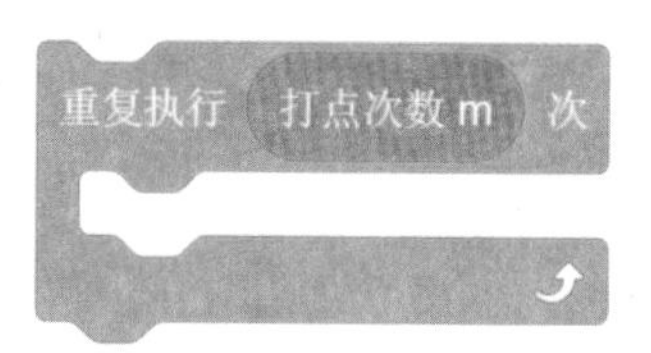

步骤5：随机打点。

生成随机点，根据坐标x、坐标y 画点。

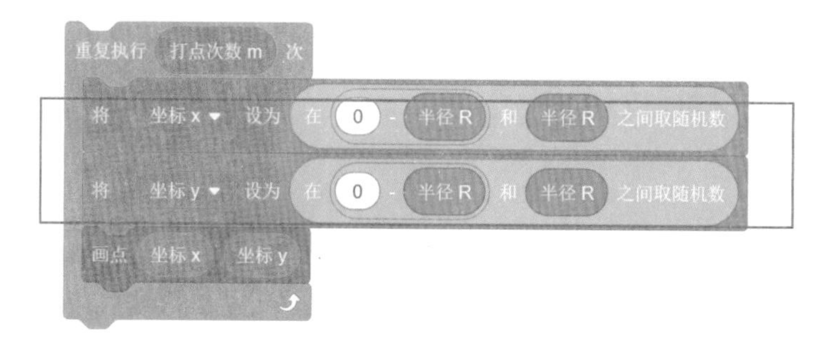

继续 →

步骤6：统计个数。

判断点是否在圆内，统计圆内点个数n增加1。

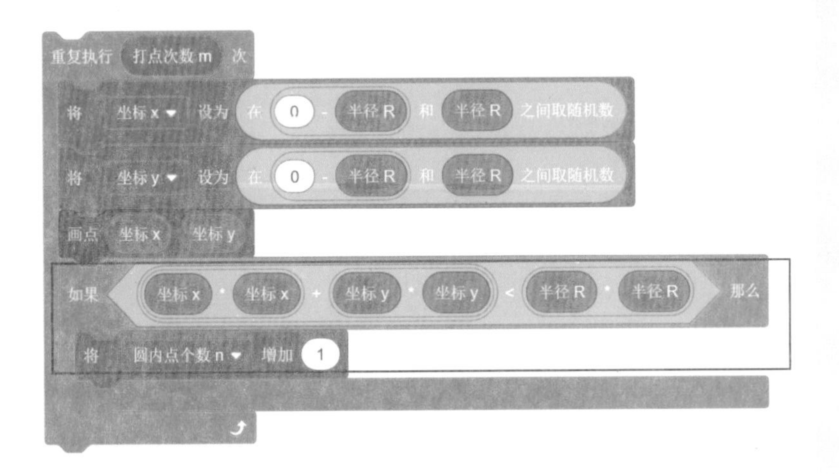

步骤7：计算圆周率。

最后循环打点结束，计算圆周率Pi=4×n/m。

步骤8：完整积木代码。

最终，实现的积木代码如下图，看看你做出来的是不是这样的。

继续 →

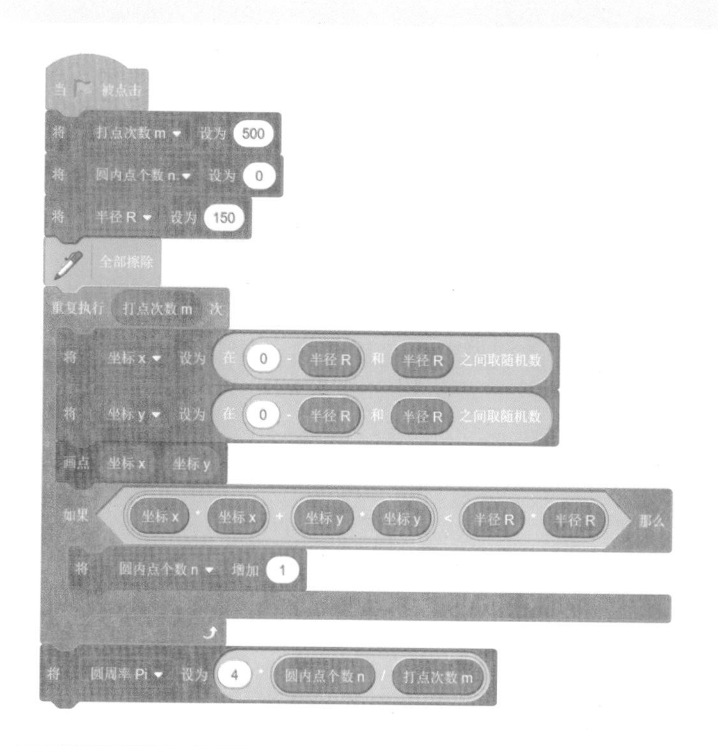

运行与调试

完成了上述步骤，运行效果到底如何呢？点击 运行一下，看看是否有问题。（可以多点击几次，看看有什么不同哦！）

如果没问题，恭喜你又学到了一个新的知识点，并且能在Scratch中正确运用；如果有问题，再看一下上面的内容，通过比对积木以及积木里的参数来调试，直到让自己满意。

如果调试有困难，可以添加老师的微信或者QQ获取帮助。

挑战自我

1. 通过上面的学习我们知道统计模拟法的模拟次数越多或者抽样越多，最后得到的结果就越准确。快去尝试打更多的点吧，看看有什么不一样！

编程英语

英文	中文	英文	中文
wheel	轮子	circle	圆
coin	硬币	probability	概率

知识宝箱

统计模拟法其实是概率论或统计学中的大数定律。基本原理简单描述是先大量模拟，然后计算一个事件发生的次数，再通过这个发生次数除以总模拟次数，得到想要的结果。统计模拟法是样本越多，越能找到最佳的解决办法，但只是尽量找最好的，不保证一定是最好的。

统计模拟法求解实际问题的基本步骤为：

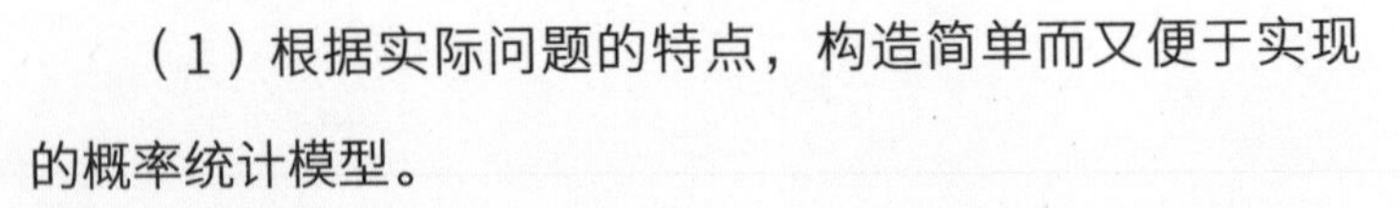

（1）根据实际问题的特点，构造简单而又便于实现的概率统计模型。

（2）给出模型中各种不同分布随机变量的抽样方法。

（3）按照所建立的模型进行仿真试验、计算，求出问题解。